U0315268

国家自然科学基金重点项目资助（51234005）
中央高校基本科研业务费资助（3142015086）
中央高校基本科研业务费资助（3142015003）

大采高综放工作面
煤壁片帮机理与控制

殷帅峰　何富连　著

北　京

冶 金 工 业 出 版 社

2016

内 容 提 要

本书对大采高综放工作面煤壁片帮机理做了深入研究，提出了合理有效且具有针对性的煤壁片帮控制技术。书中对煤壁前方塑性区范围进行了系统研究，得出了不同硬度及夹矸煤壁失稳力学判据，提出了以降低支架故障率为核心的"固液同步型"故障检测煤壁片帮控制方法，运用 C＋＋语言开发出大采高综放面煤壁片帮安全评价系统，并通过现场应用检验。

本书适合从事采场矿压控制科研人员、支架维修设计技术人员、采掘一线工程技术人员、高校教师及研究生阅读。

图书在版编目（CIP）数据

大采高综放工作面煤壁片帮机理与控制／殷帅峰，何富连著. —北京：冶金工业出版社，2016. 2

ISBN 978-7-5024-7149-1

Ⅰ. ①大…　Ⅱ. ①殷…　②何…　Ⅲ. ①大采高—综采工作面—煤壁—片帮—研究　Ⅳ. ①TD82　②TD77

中国版本图书馆 CIP 数据核字（2016）第 011010 号

出 版 人　谭学余
地　　址　北京市东城区嵩祝院北巷 39 号　邮编　100009　电话　（010）64027926
网　　址　www. cnmip. com. cn　电子信箱　yjcbs@ cnmip. com. cn
责任编辑　李培禄　美术编辑　吕欣童　版式设计　孙跃红
责任校对　禹　蕊　责任印制　李玉山
ISBN 978-7-5024-7149-1
冶金工业出版社出版发行；各地新华书店经销；固安华明印业有限公司印刷
2016 年 2 月第 1 版，2016 年 2 月第 1 次印刷
169mm×239mm；11.75 印张；269 千字；178 页
50.00 元
冶金工业出版社　投稿电话　（010）64027932　投稿信箱　tougao@ cnmip. com. cn
冶金工业出版社营销中心　电话　（010）64044283　传真　（010）64027893
冶金书店　地址　北京市东四西大街 46 号（100010）　电话　（010）65289081（兼传真）
冶金工业出版社天猫旗舰店　yjgycbs. tmall. com
（本书如有印装质量问题，本社营销中心负责退换）

前　言

统计结果显示，厚及特厚煤层储量占我国已探明煤炭储量的45%左右，尤其是西北部矿区，特厚煤层储量丰富。伴随大型煤炭基地开采强度、开采规模及开采能力的不断提高以及现代化、自动化、综合机械化开采技术的迅猛发展，厚及特厚煤层产量也已占全国煤炭总产量的40%左右。因此，厚及特厚煤层储量和产量优势明显。大采高综放开采是解决厚煤层，尤其是特厚煤层安全高效开采的主要方法，且具有产量大、回收率高、经济安全等优点。但是，采煤工作面，尤其是大采高综放工作面煤壁片帮事故，导致工作面阶段性停产并造成重大损失，甚至人员伤亡，严重制约着工作面单产的进一步提高，成为采场矿压控制亟待解决的技术难题。

本书综合现场调研、文献检索、理论计算、数值模拟、实验室试验和现场应用实测等方法，围绕大采高综放工作面煤壁片帮机理和控制技术两个关键问题，分别对综放面煤壁前方煤体塑性区范围变化规律、不同硬度煤体片帮迹线形状分类、坚硬煤层和软弱煤层煤壁片帮机理、含夹矸煤层煤壁片帮机理、大采高综放面煤壁片帮关键影响因素、综放支架系统可靠性与煤壁片帮控制互馈关系、综放支架固体构件无损探伤技术、综放支架液压系统故障检测技术、大采高综放开采煤壁片帮安全评价系统、典型矿井现场应用检验等问题开展了一系列研究和现场工程试验。

本书研究工作得到了华北科技学院蔡卫教授、邹光华教授、程根银教授、石建军副教授、田多副教授、高林生讲师，同煤集团郭金刚总经理，同煤国电同忻煤矿霍利杰总工程师，同大科技研究院刘锦荣副总工程师，中煤金海洋能源有限公司杨伯达总工程师，五家沟矿李秀华矿长、毛建新总工程师，元宝湾矿李其敏副总工程师，神东公司调度室粟建平主任的大力支持和帮助，在此表示感谢。同时感谢中国矿业大学（北京）谢福星博士、赵勇强硕士、张亮杰硕士在理论计算和数值模拟过程中提供的帮助，感谢华北科技学院冯山、曹健、牛振磊、唐晶晶、周逸飞等人在现场调研过程中提供的帮助。另外，本书出版得到了国家自然科学基金重点项目"矿山顶板灾害预警"（编号：51234005）、中央高校基本科研业务费资助项目"综放关键设备实时在线智能化监控系统研究"（编号：3142015086）、中央高校基本科研业务费资助项目"综放沿空煤巷桁架锚索与单体锚索平行布置非对称技术研究"（编号：3142015003）的资助，在此表示感谢。

由于研究时间较短且现场工程应用较少，书中许多观点是初步研究成果，诸多理论和工程问题有待深入探讨。加之作者水平有限，书中难免有不足之处，敬请读者批评指正。

作　者

2015 年 11 月

目　　录

1 绪 论

本章首先简要论述大采高综放开采在我国厚或特厚煤层开采中存在的技术难题，结合大量现场调研对大采高综放面异常矿压显现进行统计分析和归类；基于同煤国电同忻煤矿有限公司 8107 大采高综放面煤壁严重片帮事故，初步提出大采高综放面煤壁控制的原理和关键技术；在此基础上，概述了煤壁前方煤体塑性区宽度相关研究成果、煤体片帮机理相关研究成果及煤壁片帮控制相关研究成果；最后，详细阐述了本书的研究内容、研究方法、研究技术路线，总结了本书工作重点。

1.1 问题的提出

中国煤炭工业协会会长王显政在 2012 年全国煤炭工作会议上对未来煤炭行业发展形势定性为"煤炭作为我国主体能源的地位很难改变"，同时指出受石油、天然气等传统能源储量和开采规模限制，以及我国长期以来大型煤炭基地建设的深入发展，煤炭在一次能源生产结构和消费结构中所占的比重将继续维持在70%左右[1]，如图 1 - 1 所示。受目前经济形势困扰，煤炭作为主体能源的地位不会动摇和改变，但在经济生活中应坚持"煤为基础，多元发展"的能源战略，以保障国家能源安全。

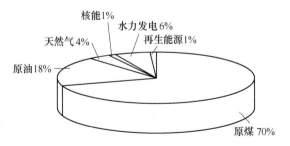

核能1%
天然气4%
水力发电 6%
再生能源1%
原油18%
原煤70%

图 1 - 1 2012 年我国一次能源消费结构

厚煤层大采高综采是实现煤炭高效集约生产的传统开采方法，特厚煤层综放开采是提高工作面单产、实现工作面高产高效高安全开采的技术保障。结合大采高综采和综放开采两种采煤方法的优点，基于支护设备尤其是特种支护设备研发成果，大采高综放开采已经成为厚或特厚煤层开采新的发展阶段[2]。然而，大采高综放开采在现有文献中定义不明确，本书将大采高综放开采定义为：考虑顶煤稳定性控制及设备稳定性和可靠性要求[3]，在厚煤层或特厚煤层开采过程中，采煤机割煤高度大于等于 3.5m，且采放比小于 1:3 的综合机械化放顶煤一次采全高开采方法。根据上述定义，大采高综放开采目前在大同矿区、金海洋矿区、平朔矿区、潞安矿区等均有应用。典型大采高综放工作面相关参数统计见表 1-1。

表 1-1　典型大采高综放工作面相关参数统计

参　数	大同同忻矿	大同塔山矿	五家沟矿	潞安屯留矿	潞安王庄矿
采高/m	3.9	3.5	3.5	3.5	3.6
放煤厚度/m	11.6	9.8	7.2	2.8	3.1
采放比	1:2.97	1:2.80	1:2.06	1:0.80	1:0.86
液压支架	ZF15000/27.5/42	ZF10000/25/38	ZF10000/23/37	ZF7000/19/38	ZF7000/20/40
最高月产量/万吨	117	112	92	45	75

　　大采高综放开采与传统综放开采相比：（1）有利于顶板矿山压力对顶煤的破碎作用，提高顶煤回收率；（2）有利于大功率高可靠性采煤、运输、破碎设备发挥设备优势，实现采掘均衡[4]；（3）增加割煤高度，不仅优化了采放比，而且工作面通风断面增加，有利于工作面安全高效开采[5]。但大采高综放开采也存在许多技术难题，如图 1-2 所示。

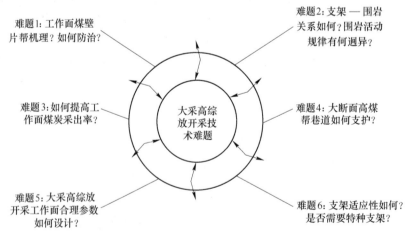

图 1-2　大采高综放开采技术难题

　　针对上述技术难题，笔者在同忻煤矿、塔山煤矿、五家沟煤矿、平朔 2 号井工矿调研发现，大采高综放开采存在煤壁严重片帮、顶板大面积冒漏、支架液压系统泄漏及支架固体构件损伤等诸多异常矿压显现，下面以同忻矿和中煤金海洋五家沟矿、马营矿和南阳破矿为例进行说明。

图1-3为同忻矿8107大采高综放面严重片帮冒顶事故的现场照片。图中可见煤壁严重片帮进而诱发事故后期顶板大面积冒落。

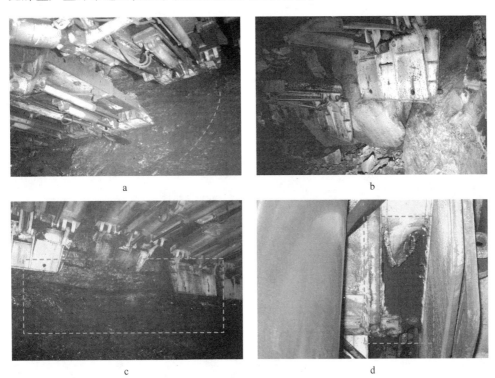

a   b

c   d

图1-3　同忻矿大采高综放面异常矿压显现

a—同忻矿8107综放面煤壁弧形滑动片帮；b—同忻矿8107综放面顶板大面积冒顶；
c—同忻矿8105综放面煤壁区域性片帮；d—同忻矿8105综放面护帮板撕裂

图1-4为金海洋下属三个矿井大采高综放面煤壁片帮概况及其他可能引起煤壁片帮的异常矿压显现情况。图中给出了支架液压系统可视泄漏情况及支架构件可视损坏情况。

现场调研可知，大采高综放开采异常矿压主要表现为：

（1）煤壁片帮。主要有两种形式：煤壁上部的弧形滑动片帮和煤壁中部的台阶式片帮（受夹矸影响形成）。

（2）煤壁片帮诱发的顶板冒落。割煤工序完成后，顶煤形成"拱式"结构，对煤壁上部片帮具有一定的积极作用。煤壁片帮后，顶煤具有了冒落所需的通道和流动空间，促使了顶煤的冒落。

（3）支架液压系统泄漏。综放开采对支架支护性能提出了更高要求，受强烈周期来压的影响，支架液压元件发生损坏或失效。

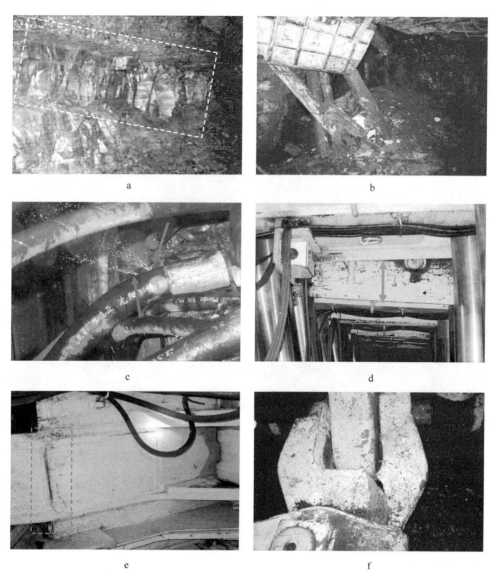

图 1-4　金海洋矿区大采高综放面异常矿压显现

a—五家沟矿 5201 综放面煤壁区域性片帮；b—马营 9101 综放面顶板严重冒漏；
c—南阳破矿 4101 综放面可视液压泄漏；d—五家沟矿 5201 综放面支架台阶过大；
e—五家沟 5201 综放面支架掩护梁焊缝开裂；f—五家沟矿 5201 综放面支架耳座断裂

　　(4) 支架构件撕裂或焊缝开裂。支架掩护梁焊缝开裂或链接件撕裂影响了支架的支护性能，容易诱发煤壁片帮和顶煤冒漏。支架液压系统泄漏故障和固体构件损伤影响支架支撑性能，导致煤壁承受顶板高剪切应力作用，诱发煤壁片帮和顶板冒漏。

四种异常矿压显现相互作用关系如图 1-5 所示。

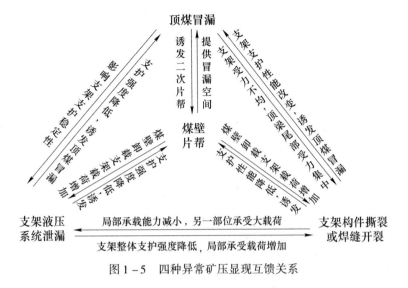

图 1-5　四种异常矿压显现互馈关系

1.2　国内外研究现状

1.2.1　煤壁前方煤体应力分布及塑性区范围研究现状

煤壁前方煤体应力分布及塑性区范围研究是研究煤壁片帮的基础，从现有统计来看，煤壁片帮深度一般不超过 2m，片帮煤体一般为塑性破坏区煤体。

现有文献对煤壁前方煤体垂直应力及塑性区范围的求解大体分为两种类型：
（1）根据极限平衡理论，并结合塑性力学推导得出的广义 Mises 准则进行求解；
（2）利用摩尔－库伦准则导出煤体塑性区范围。

1.2.1.1　极限平衡理论结合塑性力学推导得到的广义 Mises 准则进行求解[6~8]

根据对 Mises 准则应用的不同，又可以分为 D－P 准则＋极限平衡理论和 D－P－Y 准则＋极限平衡理论。无论 Mises 准则采用 D－P 准则还是 D－P－Y 准则，煤壁前方单元应力分布如图 1-6 所示。

A　D－P 准则＋极限平衡理论

该种求解是利用 Mises 准则的一种特殊形式进行求解，即：

$$\alpha I_1 + \sqrt{J_2} = k$$

结合极限平衡理论，求得煤壁前方煤体垂直应力 σ_{z1} 及塑性区宽度 d_1 分别为：

$$\sigma_{z1} = -\frac{c}{f} + \left(\frac{1+3\alpha}{1-3\alpha}p + \frac{c}{f} + \frac{2k}{1-3\alpha}\right)e^{\frac{2f(1+3\alpha)}{M(1-3\alpha)}x}$$

$$d_1 = \frac{M(1-3\alpha)}{2f(1+3\alpha)}\ln\frac{\lambda\gamma H + c\cot\varphi}{\dfrac{1+3\alpha}{1-3\alpha}p + \dfrac{2k}{1-3\alpha} + c\cot\varphi} \qquad (1-1)$$

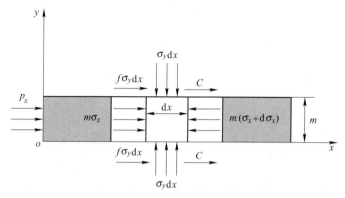

图 1-6 煤壁前方煤体单元应力分布

B D-P-Y 准则 + 极限平衡理论

该种求解利用 Mises 准则一种形式进行求解，即：

$$\alpha I_1 + \sqrt{J_2 + \mu^2 k^2} = k$$

结合极限平衡理论，求得煤壁前方煤体垂直应力 σ_{z2} 及塑性区宽度 d_2 分别为：

$$\sigma_{z2} = -\frac{c_1 + Mc_2 + M\tan\varphi_2\sigma_y}{\tan\varphi_1} + \left(\frac{1+3\alpha}{1-3\alpha}F_x + \frac{c_1 + Mc_2 + M\tan\varphi_2\sigma_y}{\tan\varphi_1} + \right.$$

$$\left. \frac{2k(u-1)}{1-3\alpha}\right)e^{\frac{2\tan\varphi(1+3\alpha)}{M(1-3\alpha)}x}$$

$$d_2 = \frac{M(1-3\alpha)}{2\tan\varphi_1(1+3\alpha)}\ln\frac{\lambda_1\gamma H + (c_1 + Mc_2 + M\tan\varphi_2\sigma_y)\cot\varphi_1}{\dfrac{1+3\alpha}{1-3\alpha}F_x + \dfrac{2(u-1)k}{1-3\alpha} + (c_1 + Mc_2 + M\tan\varphi_2\sigma_y)\cot\varphi_1}$$

$$(1-2)$$

1.2.1.2 利用摩尔-库伦准则导出的煤体塑性区范围[9]

$$d = \frac{M}{2\zeta\tan\varphi_1}\ln\frac{\lambda\gamma H + c\cot\varphi_1}{\zeta(F_x + c\cot\varphi_1)} \qquad (1-3)$$

上述各公式中，$I_1 = \sigma_1 + \sigma_2 + \sigma_3$，为第一应力不变量；$J_2 = \dfrac{1}{6}[(\sigma_1 - \sigma_2)^2 + (\sigma_2 - \sigma_3)^2 + (\sigma_3 - \sigma_1)^2]$，为第二应力偏量不变量；$\alpha = \dfrac{3\sin\varphi}{\sqrt{3}(3 + \sin^2\varphi)}$，为 Mises 广义准则系数，材料参数；$k = \dfrac{\sqrt{3}c\cos\varphi}{\sqrt{3 + \sin^2\varphi}}$，为 Mises 广义准则系数；$\lambda$、$M$

分别为应力集中系数与煤层厚度；c_1、c_2 分别为煤层与顶底板和煤体自身黏结力；φ_1、φ_2 分别为煤层与顶底板和煤体自身摩擦角；F_x 为护帮板水平支护力；ζ 为三轴应力系数，$\zeta = \dfrac{1 + \sin\varphi}{1 - \sin\varphi}$。

式（1-1）~式（1-3）表明，煤壁前方煤体塑性区宽度与采高、煤体自身力学性质、煤体与顶底板摩擦系数及支架提供的护帮阻力有关。但是，上述诸塑性区表达式均为定值，即当煤体自身力学特性、支架护帮阻力等参数确定后，塑性区宽度为定值，并不随煤壁高度及离煤壁距离远近而改变，这与实际情况是不符合的，因为煤矿现场煤壁前方塑性区宽度并不是一成不变的。

1.2.2 大采高工作面煤壁片帮机理研究现状

现有文献对片帮机理的研究方法有以下几种：（1）基于抗滑力 T 和滑动力 S 的安全余量法；（2）基于压杆模型的最大挠度分析；（3）软煤煤壁弧形滑动稳定系数法；（4）基于"楔形"滑动体模型煤壁片帮稳定系数法。

1.2.2.1 基于抗滑力 T 和滑动力 S 的安全余量法

安全余量法分为以下几个步骤：

（1）写出极限状态函数 $Z = g(T, S) = g(X_1, X_2, X_3, \cdots, X_{n-1}, X_n)$。$X_1$，$X_2$，$X_3$，$\cdots$，$X_n$ 为基本随机变量。

（2）对围岩状态进行判别。在片帮机理研究中，一般取 $Z = T - S$，则有：

$$
\text{判别准则}
\begin{cases}
Z > 0 & \text{工程处于安全状态} \\
Z = 0 & \text{工程处于极限状态} \\
Z < 0 & \text{工程处于破坏状态}
\end{cases}
$$

图 1-7 为安全余量法判别示意图。

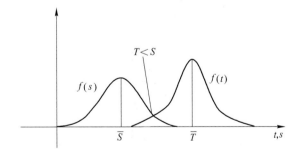

图 1-7 安全余量法判别示意图

（3）具体应用。运用安全余量法研究煤壁片帮的典型案例是中国矿业大学（北京）王家臣教授，其建立的煤壁片帮模型及其简化模型如图 1-8 所示[10]。

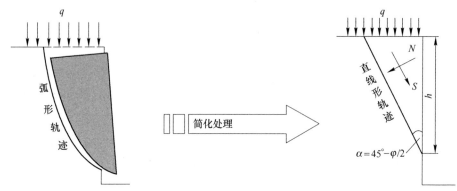

图 1-8　煤壁片帮模型及其简化

简化处理后，根据安全余量法，其计算推导煤壁剪切破坏准则为：

$$Z = T - S = Ch\sec\alpha + (qh + h_2\gamma/2)(\sin\alpha\tan\varphi - \cos\alpha)\tan\alpha \leqslant 0 \qquad (1-4)$$

式中　C——煤体黏聚力；

$\qquad\varphi$——煤体内摩擦角；

$\qquad S$——剪切面上剪力；

$\qquad h$——剪切面破坏高度；

$\qquad q$——顶板载荷集度；

$\qquad\alpha$——剪切面与煤壁的夹角。

此处需要说明的是，除安全余量法外，安全系数法及安全系数的对数法等研究方法也是煤壁片帮安全性研究常见方法。

安全系数法：　　　　　　$Z = g(T,S) = T/S$

安全系数的对数法：　　　$Z = g(T,S) = \ln(T/S) = \ln T - \ln S$

1.2.2.2　基于压杆模型的最大挠度分析

压杆模型是根据煤壁前方煤体主应力分布图（图 1-9）提出的，根据边界条件不同，又可分为：（1）一端刚性固支，一端弹性支撑[11~13]；（2）两端固支。

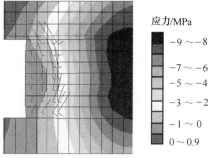

图 1-9　煤壁前方主应力分布图

A　一端刚性固支，一端弹性支撑[11~14]

一端固支、一端弹性支撑模型如图 1-10 所示。

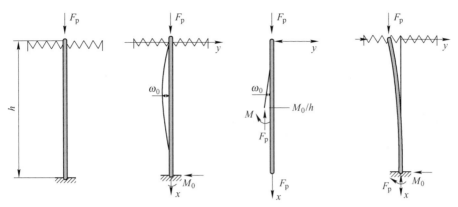

图 1 - 10　一端固支、一端弹性支撑模型

压杆挠度表达式为：

$$\omega = \frac{M_0}{F_p}\left[\frac{x}{h} + 1.02\sin\left(4.49\frac{x}{h}\right)\right] \tag{1-5}$$

式中　M_0——煤壁固支端力矩；

　　　F_p——顶板作用于压杆顶端的载荷；

　　　h——采高。

根据公式（1-5），当 $x = 0.35h$ 时，压杆挠度 ω 最大值为 $1.37M_0/F_p$，即煤壁最大挠度点位于 0.65 倍采高处。

B　两端固支型[15]

两端固支模型如图 1-11 所示。

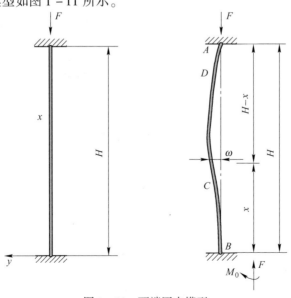

图 1 - 11　两端固支模型

压杆挠度表达式为：

$$\omega = - \frac{M_0}{F}\cos\frac{2\pi}{H}(H - x) + \frac{M_0}{F} \tag{1-6}$$

根据公式（1-6），当 $x = 0.5h$ 时，压杆挠度 ω 最大值为 M_0/F，即煤壁最大挠度点位于 0.5 倍采高处。

1.2.2.3 软煤煤壁弧形滑动稳定系数法[16]

中国矿业大学方新秋教授利用稳定系数法分析煤壁上部弧形滑动失稳，计算了煤壁稳定区临界高度。

在分析煤壁片帮之前，方教授首先建立了软煤大采高综放面支架—围岩结构力学模型（图1-12），详细阐述了煤壁破坏过程：大变形→破裂→碎裂→片帮，并明确指出，由于软煤煤质比较均匀，片帮煤体将沿一弧形滑动面滑动片帮，滑动面如图1-13所示。

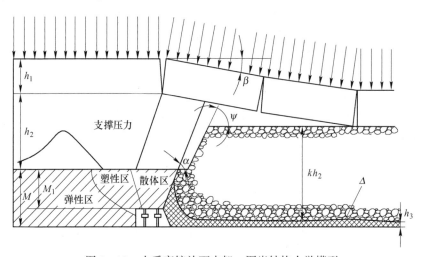

图 1-12 大采高综放面支架—围岩结构力学模型

M—煤层全厚；M_1—放顶煤厚度；h_1—老顶厚度；h_2—直接顶厚度；k—冒落矸石松散系数；

h_3—采空区浮煤厚度；ψ—矸石自然安息角；α—顶煤自然垮落角；β—老顶回转角；Δ—浮煤

由巴顿提出的边坡岩体平面破坏极限平衡法则，计算得到煤壁稳定区临界高度 H_{de}[16]：

$$H_{de} = \frac{2c}{\gamma}\tan\left(\frac{1}{4}\pi + \frac{1}{2}\varphi\right) + \frac{K}{\gamma}\tan\left(\frac{1}{4}\pi + \frac{1}{2}\varphi\right) \tag{1-7}$$

式中 c，γ——煤体的内聚力和内摩擦角；

K——煤壁稳定系数。

根据式（1-7），可求得煤壁稳定系数 K：

$$K = \sqrt{4c^2 - 2p_0\gamma\tan\left(\frac{\pi}{4} - \frac{1}{2}\varphi\right)} \tag{1-8}$$

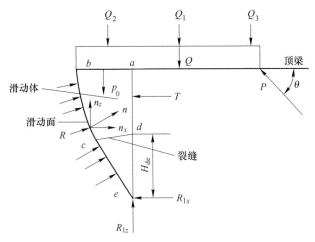

图 1 - 13 大采高综放面煤壁滑动体力学模型

Q—顶煤和直接顶重量；Q_1—基本顶通过直接顶传递压力；Q_2—煤壁承受的超前支撑压力；
Q_3—"砌体梁"回转附加力；p_0—煤壁受到的垂直载荷；R—深部煤体支撑反力；T—护帮阻力

支架护帮阻力 T 增大，煤壁承受顶板垂直载荷 p_0 减小，式（1-8）中 K 增大，从而使临界高度 H_{de} 增大，反之则减小。综上，得到煤壁临界高度最小值为：

$$H_{de} = \frac{2c}{\gamma}\tan\left(\frac{1}{4}\pi + \frac{1}{2}\varphi\right)$$

1.2.2.4 基于"楔形"滑动体模型煤壁片帮稳定系数法

屠世浩、袁永等人提出煤壁片帮的"楔形"滑动体模型，认为煤壁片帮后形成"V"字形剖面，块体呈"V"字形四面滑动楔形体结构，如图1-14所示。

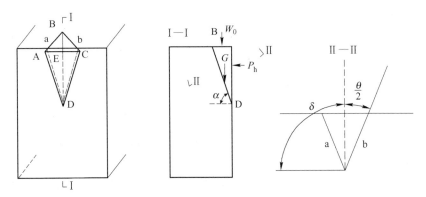

图 1 - 14 "楔形"滑动体分析力学模型

根据静力平衡原理，可得到煤壁片帮稳定系数 K 为：

$$K = \frac{N_a\tan\mu_a + N_b\tan\mu_b + c_a S_a + c_b S_b}{\tau} \tag{1-9}$$

式中　N_a，N_b——垂直于 a、b 两结构面的法向力；

$\quad\quad$ μ_a，μ_b——a、b 两结构面的内摩擦角；

$\quad\quad$ c_a，c_b——a、b 两结构面的内聚力；

$\quad\quad$ S_a，S_b——a、b 两结构面的面积。

把 a、b 两结构面上的力用煤壁所受外力进行转换，并假设 $\mu_a = \mu_b = \mu$，$c_a = c_b = c$，最终将等式（1−8）中煤壁片帮稳定系数变换为：

$$K = \frac{2\left[(W_0 + G)d + P_h h\right]\tan\mu + cl(h^2 + d^2)}{2\left[(W_0 + G)d - P_h d\right]\sin\dfrac{\theta}{2}} \tag{1−10}$$

式中　W_0——顶板对煤壁作用力；

$\quad\quad$ G——滑动体自身重力；

$\quad\quad$ P_h——护帮板提供给煤壁的护帮阻力；

$\quad\quad$ θ——a、b 两结构面夹角；

$\quad\quad$ h——采场煤壁片帮最大长度；

$\quad\quad$ l——采场煤壁片帮最大深度。

根据煤壁片帮稳定性系数表达式（1−8），得到提高"楔形"滑动体煤壁稳定性系数的途径有：(1) 增大煤体自身内聚力 c；(2) 增大护帮板提供给煤壁的护帮阻力 P_h；(3) 控制端面冒顶，减小顶板对煤壁作用力 W_0；(4) 提高支架支撑力、适当提高工作面推进速度，减小 a、b 两结构面夹角 θ。

现有文献对煤壁片帮机理的研究，要么给出煤壁片帮判据或稳定性系数，要么给出煤壁片帮最危险点位置，但对煤壁上部所受顶板作用力及支架提供给煤壁的护帮阻力应该满足的条件没有进行具体分析。在煤矿现场，煤体片帮判据并不适用，采矿技术人员关心的是具体指标的确定，如应该用多大的护帮阻力维护煤壁方能使煤壁保持稳定？再如顶板压力临界值多大时，煤壁不发生片帮？此时支架的支护阻力应该设定为多大？本书后续研究将重点解决诸类难题。

1.2.3　煤壁片帮控制技术研究现状

现有文献煤壁片帮控制的基本思路有 4 条：(1) 减缓煤壁压力；(2) 改善煤体煤质；(3) 台阶煤壁采煤法；(4) 提高开采工艺水平。下面分别进行介绍。

1.2.3.1　减缓煤壁压力

减缓煤壁压力的方法主要有改变煤层开采方法，如改分层开采为放顶煤开采；提高支架工作阻力等。

A　厚煤层分层开采改进为放顶煤开采[10]

综放开采，支撑压力表现出峰值点位置远离煤壁、分布相对平缓、向煤体深部延伸等特性，有利于减小和缓解煤壁承受的压力值，如图 1−15 所示。

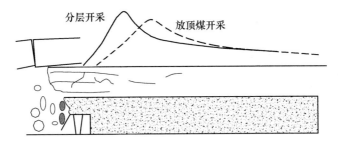

图 1 - 15　综放开采与分层开采支撑压力分布对比

B　提高支架工作阻力

王家臣教授通过建立顶板破断计算模型（图 1 - 16），分析了煤壁承受压力 p 与支架工作阻力 R 之间的关系为：

$$p = \frac{L^2(q + h\gamma) + 2(Th - T\tan\varphi L - RL_s)}{2L_p} \qquad (1-11)$$

式中　L——老顶破断后形成的铰接岩块的长度；

　　　L_p——煤壁到顶板破断点 A 的距离；

　　　L_s——支架提供支撑力的合力到顶板破断点 A 的距离；

　　　q——老顶受到的上部载荷；

　　　T——老顶破断后形成的铰接岩块在 B 点受到的水平力。

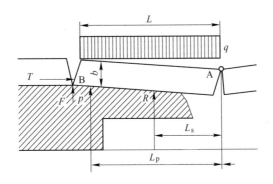

图 1 - 16　顶板破断计算模型

根据公式（1 - 9），得到片帮面积、片帮深度与支架工作阻力之间的关系曲线，如图 1 - 17 所示。研究结果表明，增大支架工作阻力可以减小煤壁片帮面积和片帮深度，反之亦然。

1.2.3.2　改变煤体性质

改变煤体性质的主要方法有煤体注水、煤壁锚杆支护（木锚杆＋护帮板联合护帮）等。

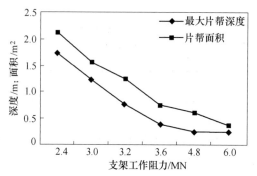

图 1 - 17　片帮面积及深度与支架工作阻力的关系

A　煤体注水软化煤体，提高抗剪强度[10]

根据图 1 - 18 和图 1 - 19 可知，煤体含水率在 10% ~17% 区间变动时，煤体黏聚力和抗剪强度值较大。同时，根据图 1 - 19 可知，注水后煤体抗压强度降低，支撑压力峰值点位置前移，应力分布趋于缓和，有利于煤壁的稳定。

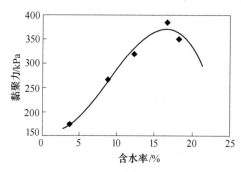

图 1 - 18　黏聚力随煤体含水率变化趋势

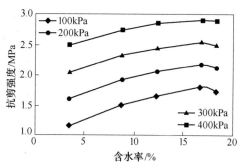

图 1 - 19　抗剪强度随煤体含水率变化趋势

B　煤壁锚杆支护（木锚杆 + 护帮板联合护帮）提高煤体强度[16]

方新秋教授等人在五阳煤矿 7506 综放面对煤壁进行了木锚杆 + 护帮板联合护帮双重支护试验，其试验方案如图 1 - 20 所示，现场工业性试验结果如图 1 - 21 所示。

工业性试验结果：煤壁片深最大值从 1.15m 降到 0.15m，片深平均值从 1.10m 降到 0.14m，片帮深度大幅度下降，煤壁稳定性控制效果良好。

1.2.3.3　台阶煤壁采煤法[18]

台阶煤柱采煤法（图 1 - 22）基本原理：将煤壁分成台阶面上煤壁和台阶面下

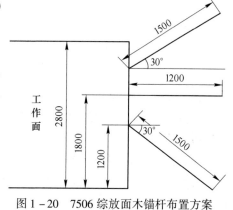

图 1 - 20　7506 综放面木锚杆布置方案

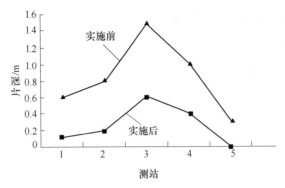

图 1-21 新控制方法前后煤壁片帮控制比较

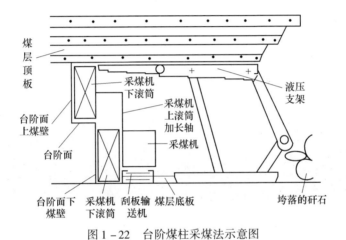

图 1-22 台阶煤柱采煤法示意图

煤壁,台阶面上煤壁始终超前台阶面下煤壁,避免高或超高煤壁由于时间累积效应发生片帮。

1.2.3.4 提高开采工艺水平[19~24]

提高开采工艺水平控制煤壁片帮的方法较多,如加快工作面推进速度、控制工作面长度、控制采高大小、减小端面距、采用仰斜开采、液压支架采用伸缩梁和护帮板分体护帮机构、减小采煤机截深、提高牵引速度、采用及时支护技术等。

上述方法均为传统方法,在煤矿现场,要调研煤壁片帮诱发原因,有针对性地制定预防片帮的技术措施,本书片帮控制技术将结合大同煤矿集团有限责任公司下属同煤国电同忻煤矿有限公司和中煤山西金海洋能源有限公司下属五家沟煤业有限公司煤壁片帮的具体原因,采用支架液压系统故障检测技术和超声相控阵无损探伤技术分析煤壁片帮的具体原因。下面介绍超声波探伤技术发展现状。

1.2.4 超声无损探伤技术发展现状

超声波技术在医疗、军事等行业中已经取得了突破性应用，但在采矿行业的应用还较少。近年来随着大功率机械设备的应用及地质条件复杂化、开采深度扩大化趋势的发展，煤矿机械设备无损探伤被提上了技术研发新阶段。

超声波探伤包括超声 B 波、C 波扫描探伤、超声激光干涉全息法探伤[25~27]以及非线性超声检测方法[28]等，下文结合扫描结果相对简单的超声 B 波、C 波扫描[29]结果进行说明。

1.2.4.1 超声 B 波、C 波扫描探伤

西安科技大学陈渊博士对超声 B 波、C 波扫描探伤做了深入的研究，针对无缝钢管上存在单个、两个缺陷孔进行了 B 波、C 波扫描，并进行了对比分析，其扫描结果如图 1-23 和图 1-24 所示。

a   b

图 1-23 单孔、双孔 B 波扫描结果对比

a—单孔 B 波扫描图像；b—双孔 B 波扫描图像

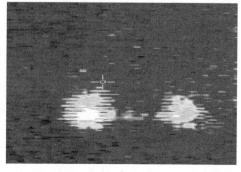

a   b

图 1-24 单孔、双孔 C 波扫描结果对比

a—单孔 C 波扫描图像；b—双孔 C 波扫描图像

1.2.4.2 煤矿常用探伤方法[30~33]

煤矿中板状构件较为常见。结合板状构件超声探伤机理，绘图说明如下。

在图 1-25 中，T 代表始波，F 代表缺陷波，B 代表底波或棱角波。根据探伤原理图可知，缺陷波和棱角波很容易混淆。煤矿探伤实践过程中，探头需要前后移动或横向移动，产生一定数量干扰波，进而形成波形相对比较复杂的乱波，难以辨别缺陷波的真实存在状况，影响缺陷定量和判位。

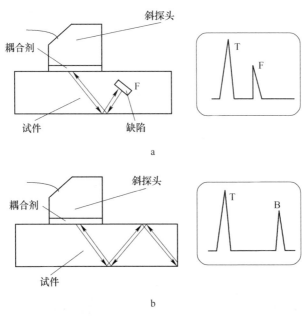

图 1-25 超声波传播路径及波形
a—有缺陷；b—无缺陷

本书后续章节将结合现有超声无损探伤技术，运用超声相控阵无损探伤技术阐述综放支架固体构件探伤原理，并阐述无损探伤对煤壁片帮控制的积极作用。

1.3 本书主要研究内容与研究方法

1.3.1 主要研究内容

（1）大采高综放开采适用条件及科学定义；基于正交试验煤壁前方煤体塑性变形范围求解；基于弹性有限变形理论及变分原理的大采高综放开采煤壁前方煤体垂直应力、水平应力及剪切应力求解；煤壁前方煤体及顶煤塑性区范围研究。

（2）大采高煤壁片帮机理研究。根据煤样三轴压缩试验结果对煤壁片帮迹线形状进行科学分类；主要研究基于尖点突变理论的坚硬煤层"压杆"模型片帮机理，给出煤壁片帮发生的充分条件和必要条件；研究软弱煤层基于严格 Junbu 法的弧形滑动片帮机理，指出支架护帮阻力对软弱煤层上部片帮的控制作用及合理值区间；给出基于煤体强度弱化原理的软弱夹矸煤壁片帮条件判据。

（3）探讨现有煤壁片帮控制技术的不足，提出煤壁片帮控制支架故障检测技术，分析对支架液压元件及固体构件进行故障检测的必要性及其对煤壁片帮控制的积极作用。

（4）阐述支架液压故障检测原理及支架构件超声无损探伤原理，结合煤矿现场支架相关液压故障和构件故障，说明检测方法及检测判据。

（5）结合上述研究结果，选择两个典型大采高综放煤壁片帮现场进行实践，对比分析综放面不同故障率区段及支架故障检修前后煤壁片帮控制效果。

（6）基于煤壁片帮关键控制参数数据库系统，运用 C＋＋语言开发一套大采高综放面煤壁片帮安全评价系统，并在现场进行应用检验。

2012 年 6 月同煤国电同忻煤矿 8107 大采高综放工作面发生煤壁严重片帮事故，并且在事故后期引发顶板的严重冒顶，事故基本演化过程为：顶板"拱式"结构形成→顶板拱内块体与下位煤体同步失稳→更大范围煤壁片帮和顶煤冒落→工作面停产，严重片帮冒顶事故导致工作面停产 15 个工作日。基于该事故诱发原因的思考，笔者开始进行文献检索，并先后在平朔 2 号井工矿、金海洋五家沟煤矿、南阳坡煤矿、马营煤矿等大采高综放面进行片帮特征调研，结合现有片帮理论对煤壁片帮进行系统研究。

（1）首先研究了大采高综放的适用条件。对不同硬度、不同埋深、不同开采高度、不同放煤高度条件下大采高综放开采需要满足的条件进行调研，研究大采高综放开采方法对煤体硬度、埋深、采高、放煤高度等的具体要求。

（2）分析大采高综放条件下顶板应力状态，为后续煤壁前方煤体应力求解做铺垫。

（3）基于顶板有限变形理论，结合变分法，研究煤壁前方煤体应力分布，进而给出煤壁前方煤体塑性区范围，并进行塑性区范围绘制，为煤壁片帮机理研究确定基本理论基础。

（4）根据煤样三轴压缩试验结果对煤壁片帮迹线形状进行科学分类；主要研究基于尖点突变理论的坚硬煤层"压杆"模型片帮机理，给出煤壁片帮发生的充分条件和必要条件；研究软弱煤层基于严格 Junbu 法的弧形滑动片帮机理，指出支架护帮阻力对软弱煤层上部片帮的控制作用及合理值区间；给出基于煤体强度弱化原理的软弱夹矸煤壁片帮条件判据。

（5）研究综放支架液压系统故障检测原理、技术及应用。

（6）研究现有超声无损探伤技术在煤矿的应用，提出超声相控阵技术对综放支架固体构件进行无损探伤检测。

（7）结合典型大采高综放面煤壁片帮控制实践，进行支架故障检测现场工业性试验，对比分析综放面不同故障率区段和故障检测前后煤壁片帮控制效果。

本研究依托大同煤矿集团有限责任公司示范矿井——同煤国电同忻煤矿有限公司"综放工作面液压支架故障检测技术与顶板煤岩体控制"科技项目、中煤金海洋能源有限公司五家沟煤业有限公司"回采工作面矿压观测及顶板活动规律研究"科技项目、中煤金海洋能源有限公司马营煤业有限公司"回采工作面矿压观测及顶板活动规律研究"科技项目，并受"矿山顶板灾害预警"国家自然科学基金重点项目、"特大断面厚层软弱顶板煤巷复向预应力控制研究"中央高校基本科研业务费专项基金项目等联合资助。各阶段工作量统计见表1-2。

表1-2　工作量统计表

时　间	工作内容	工　作　量
2012年6月~ 2012年11月	文献检索 现场调研	查阅大采高综放适用性论文30余篇，煤壁片帮机理研究论文50余篇，煤壁片帮控制论文40余篇；前往平朔2号井工矿、金海洋五家沟煤矿、南阳坡煤矿、马营煤矿及同煤同忻煤矿大采高综放面进行煤壁片帮调研
2012年11月~ 2013年1月	大采高综放适用性 研究，煤壁塑性区 范围研究	设计16个正交试验方案，研究大采高综放的适用性。建立支架—围岩结构模型，分析顶梁应力状态，运用有限变形理论及变分原理研究煤壁前方煤体应力分布
2013年1月~ 2013年6月	大采高煤壁片 帮机理研究	基于尖点突变原理，研究坚硬煤层片帮机理，进而研究受夹矸影响的坚硬煤层片帮机理。基于严格Junbu法研究软弱煤层弧形滑动失稳机理
2013年7月~ 2013年11月	煤壁片帮控制 技术研究	研究综放支架液压系统故障检测原理、技术及应用；研究现有超声无损探伤技术在煤矿的应用，提出超声相控阵技术对综放支架构件进行无损探伤检测
2013年11月~ 2014年2月	工程实践及 片帮预警系统 软件研发	结合典型大采高综放面煤壁片帮实践，进行支架故障检测现场工业性试验，对比分析综放面不同故障率条件下和故障检测前后煤壁片帮控制效果
2013年6月~ 2014年4月	论文写作	

1.3.2　研究方法及技术路线

本书拟综合现场调研和检索分析、计算机数值模拟、理论计算分析、试验室试验和研发试制、安全评价系统程序编写、现场试验及实测等方法，研究大采高综放面煤壁前方煤体应力分布及塑性区范围、大采高煤壁片帮机理及控制技术。本书的研究路线（图1-26）为：

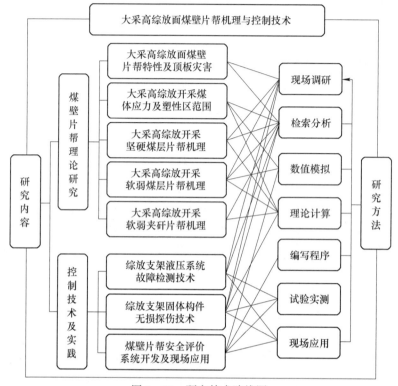

图 1-26 研究技术路线图

（1）现场调研和检索分析。现场考察同煤国电同忻煤矿有限公司 8107 大采高综放面和中煤金海洋能源有限公司五家沟煤业有限公司 5201 大采高综放面地质条件、煤岩体几何力学性质、综放支架型号及参数、开采工艺等现场地质生产条件，收集相关资料并进行国内外相关文献和技术检索。调研典型综放工作面回采过程中支架—围岩系统的宏观矿压显现情况，尤其是煤壁片帮状况及其与支架故障间的因果联系。

（2）数值模拟研究。采用 UDEC 离散元软件模拟煤壁前方煤体塑性区范围，模拟大采高综放端面应力场和位移场分布，为理论计算提供参考和方向，同时验证理论计算的正确性。

（3）煤壁前方塑性区理论计算。运用有限变形理论，计算弹塑性组合顶梁有限变形表达式，进而计算弹性顶梁有限变形约束条件下煤壁前方煤体应力表达式，结合塑性区定义，分析其分布范围。

（4）煤壁片帮理论研究。根据煤样三轴压缩试验结果对煤壁片帮迹线形状进行科学分类；主要研究基于尖点突变理论的坚硬煤层"压杆"模型片帮机理，给出煤壁片帮发生的充分条件和必要条件；研究软弱煤层基于严格 Junbu 法的弧形滑动片帮机理，指出支架护帮阻力对软弱煤层上部片帮的控制作用及合理值区间；给出基于煤体强度弱化原理的软弱夹矸煤壁片帮条件判据。

（5）实验室试验和研发试制。基于三角模糊算法和三角模糊重要度计算原则，得出 8107 综放面煤壁片帮关键影响因素；试验室组建支架模拟液压系统，采用 ONO SOKKI CF－250 型频谱分析仪采集液压泄漏故障的高频噪声和振动信号，基于傅里叶变换及相关函数分析得出不同泄漏条件下支架模拟液压系统故障响应特征频率信号图。研发用于同忻煤矿 8107 综放工作面支架液压系统泄漏故障现场检测的隔爆兼本安型矿用泄漏检测仪，试制样机，并根据现场应用情况对其进行改进；研究超声相控阵无损探伤技术的基本原理、仪器构成、检测判据、检测工艺等。

（6）现场应用及实测。选择同煤国电同忻煤矿有限公司及中煤金海洋能源有限公司五家沟煤业有限公司开展综放液压支架故障现场检测和支架构件现场无损探伤，开展 2 个月左右的现场检测及片帮控制效果观测。在试点的 8107 综放工作面对每架支架进行故障检测；完成综放液压支架故障检测仪的工业性试验及泄漏故障检测工作，并发布支架故障检测专题报告；完成综放液压支架构件的无损探伤检测工作，发布故障构件检测专题报告。

1.4 本书预期研究成果

在我国厚或特厚煤层大采高综放开采分布广泛，如平朔矿区、神东矿区、大同矿区、金海洋矿区、潞安矿区等。伴随大型煤炭基地开采强度、开采规模及开采能力的不断提高以及现代化、自动化、综合机械化开采技术的迅猛发展，大采高综放开采煤炭产量不断攀升，已成为我国厚或特厚煤层开采的主要采煤方法。但是，大采高综放开采煤壁片帮事故，尤其是严重片帮事故，导致工作面阶段性停产并造成重大损失，甚至人员伤亡，严重制约着煤矿安全高效可持续发展。为防止大采高综放面煤壁严重片帮事故，提高此类矿井煤壁片帮预测能力和控制能力，亟须对大采高综放面煤壁片帮机理和控制技术开展一系列理论和技术研究。

本书综合现场调研、文献检索、理论计算、数值模拟、实验室试验和现场应用实测等方法，围绕大采高综放面煤壁片帮机理和控制技术两个关键问题，分别对综放面煤壁前方煤体塑性区范围变化规律、不同硬度煤体片帮迹线形状分类、坚硬煤层和软弱煤层煤壁片帮机理、含夹矸煤层煤壁片帮机理、大采高综放面煤壁片帮关键影响因素、综放支架系统可靠性与煤壁片帮控制互馈关系、综放支架固体构件无损探伤技术、综放支架液压系统故障检测技术、大采高综放开采煤壁片帮安全评价系统、典型矿井现场应用检验等问题开展了一系列研究，取得如下结论：

（1）提出煤壁片帮塑性变形系数 λ 的概念，设计煤壁片帮塑性变形系数关于采煤高度、煤层厚度、煤层普氏硬度和支架支护强度 4 个影响因素 5 个水平共计 20 个方案的正交试验，对试验结果进行多元非线性回归分析，得到回归方程：

$$Y_s = 2.005664 + 0.0026e^H + 0.000043e^M - 0.0648e^f - 0.1283e^P \qquad (1-12)$$

（2）基于顶板破断变形特征相似材料模拟和综放煤矸流场特性 PFC^{2D} 模拟结果，提出大采高综放面煤层上方顶板呈弹塑性悬臂梁的基本认知，运用弹塑性有限变形理论及里兹变分法，计算得到弹塑性悬臂梁挠度计算式，并推导出煤壁前方煤体在顶板弹塑性悬臂梁有限变形约束条件下垂直应力表达式：

$$\sigma_y = - w(x) \frac{E(1-\mu)}{h_t(1+\mu)(1-2\mu)} +$$

$$\frac{(1-\mu)^2\left\{\left(\frac{\rho g \xi h_t^2}{3} + 2\beta\right)\left[2\xi h_t^3 + \xi^3 h_t(1-\mu)\right] - \frac{\xi^2 h_t^2(1-3\mu)}{2}\alpha\right\}}{(1-2\mu)\left\{\left[2\xi h_t^3 + \xi^3 h_t(1-\mu)\right]\left[\frac{2\xi^3 h_t}{9} + \frac{\xi h_t^3(1-\mu)}{30}\right] - \frac{\xi^4 h_t^4(1-3\mu)^2}{48}\right\}}x\left(1 - \frac{2y}{h_t}\right) +$$

$$\frac{(1-\mu)\mu\left\{\frac{\xi^2 h_t^2(1-3\mu)}{4}\left(\frac{\rho g \xi h_t^2}{6} + \beta\right) - \left[\frac{2\xi^3 h_t}{3} + \frac{\xi h_t^3(1-\mu)}{10}\right]\alpha\right\}}{(1-2\mu)\left\{\frac{\xi^4 h_t^4(1-3\mu)^2}{48} - \left[2\xi h_t^3 + \xi^3 h_t(1-\mu)\right]\left[\frac{2\xi^3 h_t}{9} + \frac{\xi h_t^3(1-\mu)}{30}\right]\right\}}y$$

$$(1-13)$$

基于弹塑性有限变形理论和基于正交试验得到的大采高综放面煤壁前方塑性区范围对比发现：顶煤塑性变形与煤壁前方机采高度范围内煤体塑性变形具有明显的时间差异化特点，即顶煤塑性变形明显超前于煤壁前方机采高度内煤体塑性变形。

（3）根据煤样三轴压缩试验屈服极限后应力 – 应变曲线变化特征及现场调研，结合煤壁不同片帮迹线外力条件和煤岩体性质，总结得到大采高综放面不同硬度煤壁片帮主要类型：坚硬煤壁片帮主要类型为中部拉裂式片帮和上部斜直线型片帮；软弱煤层片帮主要类型为上部弧形滑动片帮；夹矸改变煤质均匀性，含坚硬夹矸煤层片帮主要类型是夹矸下煤体台阶型片帮，含软弱夹矸煤层片帮主要类型是软弱夹矸与预片帮煤体同步失稳。

（4）采用压杆理论得到坚硬煤层大采高综放面煤壁中部"凹槽型"片帮挠度表达式为：

$$\omega = \frac{M_0}{F_r}\left[1.02\sin 4.49\left(1 - \frac{x}{H}\right) + \left(1 - \frac{x}{H}\right)\right] \qquad (1-14)$$

挠度最大值点，即煤壁片帮危险系数最大值点位于 0.65 倍采高处。

建立坚硬煤层大采高综放面煤壁上部斜直线型片帮尖点突变模型，得到煤壁发生片帮的力学条件判据为：

$$\frac{H}{\pi}\left(\frac{H}{3EI}\right)^{\frac{1}{2}}\left(\frac{EI\pi^2}{4H^2} - F_r\right) \leq 0 \qquad (1-15)$$

煤壁是否发生片帮主要取决于工作面机采高度和顶板压力；顶板压力 F_r 越大，煤壁发生片帮的可能性越大；采高越大，煤壁发生片帮的可能性越大。

（5）建立软弱煤层弧形滑动失稳力学模型，分析煤壁片帮起始破裂点位置及顶煤冒漏对煤壁片帮的影响，计算得出煤壁片帮安全系数计算式为：

$$F_s = \frac{\sum\limits_{i=1}^{n-1}\left(R_i \prod\limits_{j=i+1}^{n} \Psi_j\right) + R_n + F_r}{\sum\limits_{i=1}^{n-1}\left(T_i \prod\limits_{j=i+1}^{n} \Psi_j\right) + T_n} \qquad (1-16)$$

结合同忻 8107 大采高综放面具体地质生产条件，得到煤壁片帮关键控制指标为：护帮阻力 F_r 和弧形滑动轨迹控制参数 α，其合理控制区间分别为 1000 ~ 2000kN 和 30° ~ 60°。

（6）夹矸强度弱化主要由顶板岩体压应力引起，为衡量顶板压力对夹矸的弱化程度，引入顶板压力致夹矸强度弱化函数：

$$f(\kappa) = (1 - \eta)\kappa^2 + \eta \qquad (1-17)$$

建立含软弱夹矸煤壁片帮力学模型，基于夹矸强度弱化理论，得到软弱夹矸煤壁失稳的判别准则为：

$$2\left[\frac{k}{f(\kappa)} - 1\right]^3 + 9\left[1 + \frac{k}{f(\kappa)} - \frac{\Psi}{f(\kappa)}\right]^2 = 0 \qquad (1-18)$$

（7）根据现场实测，将煤壁片帮关键影响因素分为三类：一是支架类，二是回采工艺类，三是煤岩性质类；运用三角模糊算法和数值模拟计算，结合煤壁片帮关键影响因素模糊重要度判别原则，得到同忻矿 8107 大采高综放面煤壁片帮关键因素主要为：支架故障率（液压系统故障和支架构件损伤）、工作阻力和端面距，其三角模糊重要度分别为 1.168、0.167 和 0.162。

（8）基于共因失效计算模型得到大采高综放支架故障发生概率离散化计算公式为

$$P_s^{r/n} = C_n^r \sum_i \left[p(x_{ei})\right]^r \left[1 - p(x_{ei})\right]^{n-r} f_1(x_{ei}) \Delta x_{ei} \qquad (1-19)$$

计算模型同时考虑了顶板载荷随机性和支架元件性能分散性，计算得到的支架固体构件和液压元件失效概率可靠性较高。

（9）"固液同步型"支架故障检测技术主要包括：支架固体构件超声相控阵无损探伤技术和支架液压元件 YHX 型无损检测技术；"同步型"的基本含义是在同一矿压周期、同一采煤循环、同一地点对同一支架进行固体构件和液压元件同步检测；综放支架超声相控阵无损探伤原理：延时激励调节各振元初始相位，形成波振面的偏转或聚焦，扫描被测试件，得到被测试件的三维立体成像，判定缺陷形状、位置及发展趋势；支架液压系统故障检测原理：通过拾取分析支架泄漏产生的高频声波和振动信号实现支架液压系统故障的检测和准确定位。

（10）结合"固液同步型"故障检测方法，得到同忻煤矿 8107 综放面 ZF15000/27.5/42 型液压支架固体构件故障检测结论：超声相控阵无损探伤检测技术不仅能检测出支架构件内部微裂隙和表面裂隙，而且能够根据三维图像输出直观判断构件内部微裂隙之间及其与构件表面裂隙之间的贯通趋势。

（11）不同故障率条件下煤壁控制效果对比分析得出：8107 大采高综放工作面的中上部区域和中下部区域支架液压系统故障率和支架固体构件故障率相对较大，而上述两个区域对应的片帮冒顶累计次数也较大，说明 8107 综放面煤壁片帮和顶板冒漏的主要影响因素是支架故障；支架故障检修前后工作面周期来压统计结果表明：支架故障检测虽然不能从根本上控制周期来压步距大小，但可以使周期来压步距均匀化，避免综放支架受力过大出现故障而影响支架支撑性能，从而避免煤壁上方承受高剪切应力作用。

（12）"固液同步型"支架故障检修对煤壁片帮控制具有积极作用：故障检修前，片深大于 1m 的比例达到 8%，而故障检修后这一比例降低为 0；故障检修前片帮大于 0.5m 的比例为 32%，而故障检修后这一比例降为 13%；故障检修后片帮多为片深小于 0.25m 的轻微片帮，对工作面正常开采影响较小。

（13）利用 C＋＋语言编写程序，开发出一套大采高综放开采煤壁片帮安全评价系统，并结合同忻煤矿 8107 综放面、中煤金海洋五家沟煤矿 5201 综放面和中煤平朔 2 号井工矿 B906 综放面煤壁控制基本参数，对所开发的煤壁片帮安全评价系统进行应用试验，应用结果表明：大采高综放开采煤壁片帮安全评价系统不仅能够准确判定煤壁在给定条件下是否发生片帮，而且在煤壁片帮条件下能够准确得出片帮基本指标的取值范围，现场应用效果良好。

2 基于正交试验和有限变形理论煤壁前方塑性区范围研究

本章主要研究煤壁前方煤体塑性区范围。首先，采用正交试验方法研究煤壁前方煤体塑性区范围的多元非线性回归方程，基本流程：一、基于研究对象定量表达的需要提出煤壁片帮塑性变形系数的概念；二、分析煤壁片帮影响因素，设计正交试验表；三、设计 20 个数值计算模型，计算每个模型煤壁片帮塑性变形系数具体值；四、对正交试验结果进行多元非线性回归分析，得到煤壁片帮塑性变形系数多元非线性回归方程。其次，基于大采高综放顶板变形破断相似材料模拟和综放煤矸流场特性 PFC^{2D} 模拟结果提出煤壁顶板弹塑性悬臂梁认识基础，结合有限变形理论和变分法求解顶板有限变形约束条件下煤体应力表达式。最后，运用配点法描绘基于有限变形理论求解得到的煤壁前方塑性区范围，并与正交试验多元非线性回归得到的煤壁塑性区范围进行对比分析。

2.1 基于正交试验煤壁前方塑性区范围数值模拟研究

大采高综放面煤壁片帮从宏观矿压显现上表现为煤壁的剪切滑动失稳或者流动失稳，从煤壁内部微观结构来看表现为塑性区范围的扩大，在微弱外部因素作用下的裂隙贯通。通过同煤集团同忻煤矿及中煤金海洋五家沟煤矿、马营煤矿、南阳坡煤矿的广泛调研发现：煤壁片帮类型、片帮深度、片帮长度、片帮位置等片帮特征，不同矿井情况悬殊较大，甚至同一矿井的不同综放面，片帮特征也具有一定的差异，而影响片帮特征的因素，总体来说变化不大，可归纳为三个方面：

（1）煤体自身力学参数。如煤体硬度 f、煤体内聚力 c 及煤体内摩擦角 φ。这三个因素中，煤体硬度对煤壁片帮的影响尤为突出，表现为不仅能够影响片帮位置（煤壁中部或煤壁上部），而且能够影响片帮形式（弧形片帮或斜直线形片帮）。

（2）支护因素。支护因素主要为综放支架支护强度及支架护帮板提供的护帮阻力。护帮阻力能够在一定程度上控制煤壁片帮，但支架的支护强度是煤壁片帮控制更为重要的因素，因为支架支护强度越高，分担顶板载荷的数值就越大，煤壁处承受的顶板载荷就越小，越有利于煤壁的稳定。

（3）割煤厚度和放煤厚度因素。按照《安全规程》相关规定，综放面采放比严禁小于 1∶3，换种方式表述为综放面采煤机割煤高度越大，所允许的放煤厚度也越大。综放面增加采煤机割煤高度，工作面作业空间增加，通风效果明显，但对支架的支护性能及煤壁片帮控制都提出了更高的要求。

根据上述分析，煤壁片帮主要考虑因素应该包括：煤层普氏硬度系数、支架支护强度、割煤高度及煤层厚度等。由于各种因素不同取值范围情况下的组合方案较多，不仅要比较单一组合，还需要设计不同参数间的平行比较，所以此处选择正交试验的方法对煤壁片帮塑性区范围进行研究。不同参数间正交试验的组合方案数目较大，采用传统的相似模拟试验，经济成本较高，而数值模拟方法不仅编程简单、灵活多变、结果直观，而且容易和正交试验方案结合。因此，提出基于正交试验的煤壁前方塑性区范围数值模拟研究子课题。

2.1.1　数值模拟软件对比及选择

数值模拟方法广泛应用于岩土工程领域。朱颖彦等人提出在岩土工程领域选择数值模拟的两条原则[34]：（1）认清工程地质条件；（2）动静态系统的空间统一与技术方法的适应性。岩土工程数值模拟方法是一门涉及计算机工程、地质工程、弹性力学、塑性力学、结构力学、损伤力学、边坡工程、采矿工程、安全工程的交叉学科，由于其几乎涉及所有力学理论，因此岩土工程中选择数值模拟软件时首先要考虑其力学机理，包括力学变形机理和力学破坏机理，然后结合具体问题，选择有限元（如 FLAC2D/3D）数值模拟软件或者离散元（如 UDEC）数值模拟软件进行计算分析。

数值模拟软件选择与建模过程及结果可靠性有很大的关系。如 FLAC2D/3D 有限元分析方法，建模基本思路是将研究对象进行单元化，把连续介质划分为有限数量的微小单元，并且在微小单元划分上，要根据预测模拟结果及研究对象所处位置关系决定微小单元的体积大小。一般情况下，微小单元数量越多，密度越大，研究结果越可靠，但计算过程将无限扩大，即便是现代高运算速率的计算机专业软件，计算过程往往也较为繁琐。因此，建模过程要特别注重单元的划分，现实常用的方法是，结合研究目标，对重点变形或破坏区域进行单元细微化处理，对非重点变形区域或与研究结果相关性较小区域，单元格可适当放大。对于煤壁片帮问题，如果选用 FLAC2D/3D 有限元分析软件，遇到的主要问题有两点：（1）煤层间夹矸对煤壁片帮的影响难以得到真实反映，模拟结果一般为煤层和夹矸的协同变形，而现场实践中夹矸破断可能性较小，并且一般表现为夹矸下煤壁的片帮；（2）有限元分析软件一般需要预先添加煤壁节理面，即 interface 面，因此煤壁片帮模拟结果一般表现为节理面的失稳，这与实际情况是不符的。

为解决有限元分析遇到的节理或软弱夹层问题，有下述解决办法：

（1）无厚度节理单元的提出。其应力－应变关系为：

$$\left\{\begin{array}{c}\tau_s\\\sigma_n\end{array}\right\}=\left[\begin{array}{cc}K_s&0\\0&K_n\end{array}\right]\left\{\begin{array}{c}\Delta u_s\\\Delta v_n\end{array}\right\} \tag{2-1}$$

（2）无厚度节理单元的修正。针对无厚度节理单元模拟计算中出现的"错动嵌入"现象，Goodman 增加了节理中点力矩 M 和相对转角参数 ω_0，其应力－应变关系为：

$$\left\{\begin{array}{c}\tau_s\\\sigma_n\\M_0\end{array}\right\}=\left[\begin{array}{ccc}K_s&0&0\\0&K_n&0\\0&0&K_w\end{array}\right]\left\{\begin{array}{c}\Delta u_s\\\Delta u_n\\\Delta w\end{array}\right\} \tag{2-2}$$

（3）六节点变厚度单元的提出。该观点从根本上杜绝了"错动嵌入"现象的出现。

$$\left\{\begin{array}{c}\tau_s\\\sigma_n\end{array}\right\}=\left[\begin{array}{cc}K_s&0\\0&K_n\end{array}\right]\left\{\begin{array}{c}\gamma_s\\\varepsilon_n\end{array}\right\}=\frac{1}{h}\left[\begin{array}{cc}k_s&0\\0&k_n\end{array}\right]\left\{\begin{array}{c}\Delta u_s\\\Delta v_n\end{array}\right\} \tag{2-3}$$

式中 τ_s，σ_n——分别为切向应力和法向应力；

K_s，K_n——分别为节理的法向及切向刚度；

Δu_s，Δv_n——分别为相对切向及法向位移。

除了有限元方法，采矿工程中模拟岩体变形破坏的还有离散元方法，如 UDEC 数值模拟方法。UDEC 数值模拟软件能够较好地解决有限元软件模拟煤壁片帮过程中的相关问题，因为它可以模拟非连续介质尤其是非均质介质在静载荷和动载荷作用下的应力场、位移场变化特征，这一特征得益于 UDEC 模型建立过程中介质的块体单元化处理。块体单元间允许较大的变形、转动甚至是破坏，块体单元间各个方向的相对运动或者非线性"力－位移"关系控制。另外，UDEC 在基于"拉格朗日"算法前提下，提供多达 7 种材料本构模型和 5 种节理裂隙本构模型，因此对不同岩性、不同地质条件、不同生产条件及不同工程背景下岩体的大变形、大位移、大转动问题适用性较强。

UDEC 计算的最大优点是允许单元间的相对移动，不需要满足连续条件和变形协调条件，各块体单元间力的传递关系为：

$$F_s=F_s^0+\Delta F_s \tag{2-4}$$

$$\Delta F_s=k_s\delta_s \tag{2-5}$$

各块体单元通过力的相互作用和传递，实现位移的相互传递和约束，但某一单元块体无法满足力的平衡条件时，就会出现该单元处的坍塌破坏。基本关系如图 2-1 所示。

大采高综放煤壁片帮是一个非连续性过程，甚至带有突发特征。采煤机完成割煤工序后，煤壁内部在顶板压力作用下出现塑性变形甚至剪切破坏。如果使用连续性模拟分析软件模拟煤壁片帮现象，其结果与实际情况差别较大。但采用离散型软件模拟结果与现场片帮区域应力分布及破坏过程更为接近。综上分析，选择离散型数值软件 UDEC 进行煤壁片帮模拟研究。

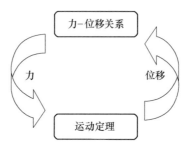

图 2-1　各块体单元之间的基本关系

确定选用 UDEC 进行数值模拟后，基于煤壁片帮影响关键因素，设计四种关键影响因素，即割煤高度、煤层厚度、煤层普氏硬度系数及支护强度进行正交实验，如果一个因素有四个水平，则实验次数多达 256 次。完全实验方案可以综合研究各因素的简单效应、主效应以及各因素之间的交互效应[2]，但实验次数会随着因素数和水平数急剧增加。在实际应用中，不必进行完全实验，只需要考虑实验因素参数设计的"均衡性"，力求设计参数能够代表和反映所研究问题的基本特点。以三因素三水平为例，其完全实验和正交试验试验点分布对比如图 2-2 所示[35]。

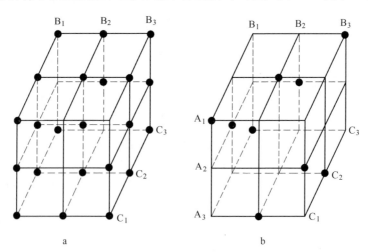

图 2-2　两种试验方案试验点分布情况
a—完全实验方案设计；b—正交试验方案设计

2.1.2　煤壁片帮塑性变形系数及其正交试验设计

进行正交试验首先需要明确研究问题的"指标"，即正交试验需要考察的效果的特征值。只有将需要考察的问题指标化处理，才可使问题数字化表示，才能通过各种数学工具对考察对象进行定性和定量分析。

2.1.2.1 煤壁片帮塑性变形系数 λ 的概念

为考察煤壁前方塑性区范围，提出煤壁片帮塑性变形系数 λ 的概念，本书将其定义为：走向垂直平面切割煤壁所形成的剖面上，采高范围内塑性变形区面积与煤壁前方单位宽度面积的比值，用公式表达为：

$$\lambda = \frac{S_p}{S_1} \tag{2-6}$$

式中 S_p，S_1——分别为塑性变形区域面积和单位宽度面积。

煤壁片帮塑性变形系数 λ 的提出主要基于下述考虑：

（1）UDEC 网格化处理使煤壁前方塑性区面积统计计算成为可能。UDEC 在建模过程中，每一网格所代表的长度和宽度都是已知的。在煤壁前方破坏区范围模拟图上，可以对塑性变形网格数进行量化处理。

如图 2-3 所示，煤壁前方一个网格宽度为 0.25m，四个网格为一个单位宽度，则煤壁片帮塑性变形系数为：

$$\lambda = \frac{S_p}{S_1} = \frac{91 \times 0.25^2}{16 \times 4 \times 0.25^2} \approx 1.42 \tag{2-7}$$

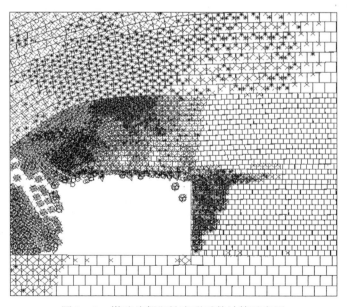

图 2-3 煤壁片帮塑性变形系数计算示意图

式（2-7）计算过程说明，煤壁片帮塑性变形系数定义中虽然使用的是面积概念，但由于 UDEC 中单元网格的面积是一定的（变形后仍近似按正方形计算），因此实际计算中只需要知道塑性变形网格的数量即可。

（2）正交试验"指标"需求。正交试验最终结果需要体现在衡量指标上，而研究煤壁前方塑性区范围过程中，定量指标很难确定。

2.1.2.2 正交试验设计步骤

正交试验思想[36,37]是日本统计学家田口玄一依据试验优化过程提出的理念。正交表是正交试验的基础，也是正交试验的基本工具，使得正交试验具备分散性和整齐可比性，同时还可以通过相关系数求解分析各影响因素对指标的主次影响关系。结合现有统计回归理论，可以给出指标受各因素影响的函数表达式，从而使研究结果具有一定的普适性。正交试验表的基本表示形式及各位置字幕或数字所表达的含义如图 2 – 4 所示。

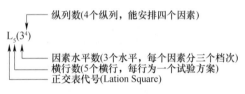

图 2 – 4　标准化正交表表示方法

正交试验设计步骤一般为：

（1）确定试验指标。试验指标即为正交试验的目的，试验指标有两种类型，一种是与因素共同存在的，定义具有普适性的指标；一种是需要根据研究对象、研究目的自行定义的指标。如本章将要讨论的煤壁前方塑性区范围，其研究指标为煤壁片帮塑性变形系数，即为自定义型指标。

（2）确定因素和水平[38~43]。因素也称因子，是衡量试验指标的因变量。正交试验之前，一般需要根据实际情况预测能够引起试验指标变化的各种因素。为判别同一因素对试验指标的影响程度，每个因素需设计多个水平。一般情况下，多个因素所取的水平数是相等的。煤壁片帮塑性变形系数正交试验考虑的因素及水平见表 2 – 1。

表 2 – 1　正交试验因素及水平设计

因　素	割煤高度/m	煤层厚度/m	煤层普氏硬度系数 f	支护强度/MPa
水平一	3.0	6	0.5	0.2
水平二	3.5	8	1.0	0.4
水平三	4.0	10	1.5	0.8
水平四	4.5	12	2.0	1.0
水平五	5.0	14	2.5	1.4

（3）指标定量。指标定量即确定不同因素及不同水平条件下对应指标的具体数值。确定的方法较多，如现场实测法、数值模拟法、相似模拟法等。

（4）分析试验结果。分析试验结果的方法多种多样。常见的有两种方法：方差分析和离差分析。基于离差方法的正交试验回归分析模型是近年较常用的分析方法，其分为多元线性回归分析和多元非线性回归分析两种。

2.1.3 煤壁片帮塑性变形系数多元非线性回归分析

煤壁片帮塑性区范围数值模拟结果如表 2 - 2 所示。

表 2 - 2　煤壁片帮塑性区范围数值模拟结果

方案序号	割煤高度 /m	煤层厚度 /m	煤层普氏 硬度系数 f	支护强度 /MPa	煤壁片帮塑性 变形系数
1	3.0	6	0.5	0.2	1.77
2	3.5	8	1.0	0.4	1.41
3	4.0	10	1.5	0.8	0.95
4	4.5	12	2.0	1.0	0.91
5	5.0	14	2.5	1.4	0.59
6	3.0	6	1.0	0.8	1.66
7	3.5	8	1.5	1.0	1.15
8	4.0	10	2.0	1.4	0.71
9	4.5	12	2.5	0.2	0.87
10	5.0	14	0.5	0.4	2.40
11	3.0	6	1.5	1.4	0.90
12	3.5	8	2.0	0.2	1.23
13	4.0	10	2.5	0.4	0.82
14	4.5	12	0.5	0.8	2.32
15	5.0	14	1.0	1.0	1.75
16	3.0	6	2.0	0.4	1.68
17	3.5	8	2.5	0.8	1.04
18	4.0	10	0.5	1.0	2.67
19	4.5	12	1.0	1.4	2.06
20	5.0	14	1.5	0.2	2.24
21	3.0	6	2.5	1.0	1.28
22	3.5	8	0.5	1.4	2.81
23	4.0	10	1.0	0.2	3.00
24	4.5	12	1.5	0.4	2.07
25	5.0	14	2.0	0.8	2.03

设变量组 X_1、X_2、X_3、X_4 分别代表割煤高度、煤层厚度、煤层普氏硬度系数、支护强度向量，Y 代表煤壁片帮塑性变形系数向量。

可求解出变量组 X_1、X_2、X_3、X_4 的主成分 F_1、F_2、F_3、F_4，特征值 λ_1、λ_2、λ_3、λ_4，以及各影响因素对试验指标的方差贡献率（B）：

$$B = \left(\frac{\lambda_1}{\sum\limits_{i=1}^{4} \lambda_i}, \frac{\lambda_2}{\sum\limits_{i=1}^{4} \lambda_i}, \frac{\lambda_3}{\sum\limits_{i=1}^{4} \lambda_i}, \frac{\lambda_4}{\sum\limits_{i=1}^{4} \lambda_i} \right) = (b_1, b_2, b_3, b_4) \qquad (2-8)$$

$$F = F_1 b_1 + F_2 b_2 + F_3 b_3 + F_4 b_4 = D_1 X_1' + D_2 X_2' + D_3 X_3' + D_4 X_4' \qquad (2-9)$$

F 为合成主成分[44]，X_1'、X_2'、X_3'、X_4' 是 X_1、X_2、X_3、X_4 标准变换后的向量。式（2-8）中，$D_i = b_i(a_{1i} + a_{2i} + a_{3i} + a_{4i})$，表征的是 X_i 在 X_1、X_2、X_3、X_4 中的重要性。

设因素变量 X_1、X_2、X_3、X_4 与控制指标 Y 的相关系数矩阵为 r，且 $D =$ diag(D_1, D_2, D_3, D_4)，Y 的影响因素函数为 $T = (T_i)$，则 F 与 Y 的相关系数为：

$$R = TrD = \sum_{i=1}^{j} \sum_{j=1}^{4} T_i r_{ij} D_j$$

由 Y 与 F 的相关系数，根据公式（2-8）容易求得 Y 与 X_1、X_2、X_3、X_4 的相关系数：

$$R_i^2 = \sum_{j=1}^{4} T_i r_{ij} D_j \qquad (2-10)$$

由公式（2-10）即可求得煤壁片帮塑性变形系数 Y 与割煤高度 X_1、煤层厚度 X_2、煤层普氏硬度系数 X_3、支护强度 X_3 的相关系数 R_i^2。

根据表 2-2，运用软件 SPSS15.1 及 Matlab 计算软件，容易求得煤壁片帮塑性变形系数 Y 与割煤高度 X_1、煤层厚度 X_2、煤层普氏硬度系数 X_3、支护强度 X_3 的相关系数分别为：0.9904、0.9750、0.9652、0.9906。即煤壁片帮塑性变形系数与割煤高度、煤层厚度、煤层普氏硬度系数、支护强度有指数形式非线性关系，利用 SPSS15.1 软件进行多元非线性回归分析[45]，得到：

$$Y_s = 2.005664 + 0.0026e^H + 0.000043e^M - 0.0648e^f - 0.1283e^P \qquad (2-11)$$

式中　Y_s——煤壁片帮塑性变形系数；

　　　H——采煤机割煤高度；

　　　M——煤层厚度；

　　　P——支架支护强度。

对公式（2-11），为判别割煤高度 X_1、煤层厚度 X_2、煤层普氏硬度系数 X_3、支护强度 X_3 对煤壁片帮塑性变形系数 Y 是否有明显影响，需要进行显著性检验。构造 F 检验统计量为：

$$F = \frac{SSR/p}{SSE/(n-p-1)} \qquad (2-12)$$

其中：

$$SSR = \sum_{1}^{n} (\hat{y}_i - \bar{y})^2$$

$$SSE = \sum_{1}^{n} (y_i - \hat{y}_i)^2$$

F 检验统计量遵从自由度为 $(p, n-p-1)$ 的 F 分布，利用 F 统计量对回归方程式（2-11）的显著性进行总体检验[46~48]。

取显著性水平 $\alpha = 0.01$，$F = 15.24$，$p = 4$，$n - p - 1 = 25 - 4 - 1 = 20$，查表得 $F_{0.01}(4, 20) = 2.87$，因此 $F > F_{0.01}(4, 20)$，所以回归方程显著，说明用式（2-11）可以对大采高综放煤壁前方塑性区范围进行计算。式（2-11）是基于正交试验的回归结果，因此对大采高综放面煤壁前方塑性区范围的判定具有一定的普适性。即对于任何大采高综放工作面，带入割煤高度、煤层厚度、煤层普氏硬度系数、支护强度相关数据，均可得到煤壁片帮塑性系数的具体数值，进而结合煤壁片帮变形系数的定义确定塑性区范围的大小。

2.2 基于有限变形理论煤壁前方塑性区范围计算求解

有限变形理论[49,50]（Finite Deformation Theory）即为工程应用中所说的大变形理论，该理论通过将变形梯度分为弹性变形梯度和塑性变形梯度[51,52]能够较好地解决现场岩土工程的弹塑性大变形问题。

2.2.1 顶梁弹塑性有限变形理论认识基础

煤层开采后，采空区上方老顶呈"砌体梁"结构保持平衡[53,54]。随工作面推进，"砌体梁"结构失稳，顶板呈悬臂梁状态，见下文相似模拟实验结果。

借助相似模拟试验，分析顶板变形破坏和顶板所处的应力状态。此处，借助太原理工大学康天合教授相似模拟试验的结果[55]进行说明，其相似模拟实验装置和试验结果如图 2-5 所示。

图 2-5 相似模拟顶板破坏状态

相似模拟试验结果显示，煤壁上方顶板岩层在一定条件下呈悬臂梁结构保持平衡。康天合教授模拟的是综采一次采全高工作面，但对综放工作面顶板梁式结构平衡具有一定的指导意义。

为进一步研究综放工作面顶板梁式结构特点，进行综放煤矸流场特性 PFC[2D] 模拟[56]，借助顶煤变形破坏状态来分析顶板力学状态。模拟结果如图 2-6 所示。

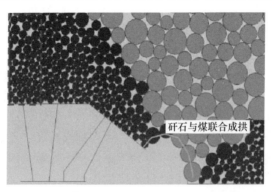

图 2-6 综放面煤岩流场特性试验结果

如图 2-6 所示，将顶煤分为散体流动区（椭圆圈定区域）和散体静止区（矩形圈定区域）。从图中可知，综放工作面顶煤散体流动区主要集中于顶梁后半段及掩护梁上方，而顶梁前半段顶煤从散体破坏状态向弹塑性变形状态转变。

由于散体静止区（矩形圈定区域）的存在，顶板岩层不会立即破断，如果将未破断的岩层变形视为弹塑性变形，结合相似模拟试验结果（图 2-5 结果），建立顶板弹塑性有限变形悬臂梁模型如图 2-7 所示。

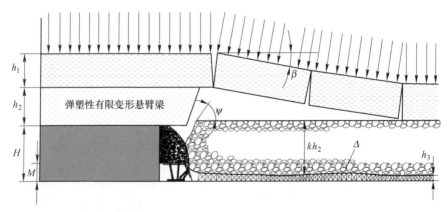

图 2-7 顶板弹塑性有限变形悬臂梁模型

2.2.2 基于顶板弹塑性有限变形的煤体应力求解

工作面推进过程中，顶板在断裂前总要经过挠曲变形阶段。一般认为，工作面老顶及直接顶或其组合顶板在下方煤层开挖后其位移变形为大结构变形，对综放顶煤的变形起决定性作用。

顶板在工作面推过一定距离尚未断裂破碎前，可视为悬臂梁结构，2.2.1 节中根据顶板相似材料模拟和综放煤矸流场特性 PFC[2D]模拟结果对这一观点进行了重点分析。本节将重点讨论顶板悬臂梁在弹塑性有限变形状态下由于自身重力、采空区矸石或破断顶板砌体结构作用产生的拉压弯曲问题。取图 2-7 中弹塑性有限变形悬臂梁进行分离研究，分析模型如图 2-8 所示。

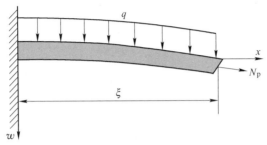

图 2-8　悬臂梁弹塑性有限变形受力分析模型

悬梁结构外力作用下的总势能 Π_p 为：

$$\Pi_p = \int_0^\xi \left[\frac{1}{2}EJ\left(\frac{\mathrm{d}^2w}{\mathrm{d}x^2}\right)^2 + \frac{1}{2}N\left(\frac{\mathrm{d}w}{\mathrm{d}x}\right)^2 + \frac{1}{2}EA\left(\frac{\mathrm{d}u}{\mathrm{d}x}\right)^2 - qw \right]\mathrm{d}x - \overline{N}_p u_p \qquad (2-13)$$

式中　N——顶板结构内拉力，即层状岩层间由于黏结作用产生的拉力；

N_p——采空区矸石或破断顶板砌体结构对悬臂梁的作用力；

ξ——悬臂梁长度，以挠度为 0 的点起始计算；

w——悬臂梁挠度；

u——悬臂梁水平位移；

u_p——悬臂梁受 N_p 作用产生的水平位移；

E，J，A——分别为悬臂梁弹性模量、截面惯性矩和面积。

对式（2-13）中顶板挠度 w、水平位移 u 和 u_p 作变分运算，根据变分法[57,58]基本运动定理可得：

$$\begin{cases} EJ\dfrac{\mathrm{d}^4w}{\mathrm{d}x^4} = q + \dfrac{\mathrm{d}N}{\mathrm{d}x}\dfrac{\mathrm{d}w}{\mathrm{d}x} + N\dfrac{\mathrm{d}^2w}{\mathrm{d}x^2} \\[2mm] \dfrac{\mathrm{d}N}{\mathrm{d}x} = 0 \\[2mm] \left(EJ\dfrac{\mathrm{d}^2w}{\mathrm{d}x^2}\right)_{x=\xi} = 0 \\[2mm] \left(EJ\dfrac{\mathrm{d}^3w}{\mathrm{d}x^3}\right)_{x=\xi} = \left(N\dfrac{\mathrm{d}w}{\mathrm{d}x}\right)_{x=\xi} \\[2mm] N_{2\xi} - \overline{N}_p = 0 \end{cases} \qquad (2-14)$$

由式（2-14）前两个等式可得：

$$\frac{\mathrm{d}^4 w}{\mathrm{d}x^4} - \frac{N}{EJ}\frac{\mathrm{d}^2 w}{\mathrm{d}x^2} = \frac{q}{EJ} \qquad (2-15)$$

由式（2-15）可得：

$$\frac{\mathrm{d}^2 w}{\mathrm{d}x^2} = C_1 \mathrm{e}^{\sqrt{\frac{N}{EJ}}x} + C_2 \mathrm{e}^{-\sqrt{\frac{N}{EJ}}x} - \frac{q}{N} \qquad (2-16)$$

式（2-16）的通解为：

$$w = \frac{EJ}{N}(C_1 \mathrm{e}^{\sqrt{\frac{N}{EJ}}x} + C_2 \mathrm{e}^{-\sqrt{\frac{N}{EJ}}x}) - \frac{q}{2N}x^2 + C_3 x + C_4 \qquad (2-17)$$

边界条件为：

$$\begin{cases} w_{x=0} = 0 \\ \left(\dfrac{\mathrm{d}w}{\mathrm{d}x}\right)_{x=0} = 0 \end{cases}$$

求得：

$$C_1 = \frac{1}{1 + \mathrm{e}^{2\sqrt{\frac{N}{EJ}}\xi}}\left(\frac{q}{N}\mathrm{e}^{\sqrt{\frac{N}{EJ}}\xi} - \frac{q\xi}{EJ}\sqrt{\frac{EJ}{N}}\right)$$

$$C_2 = \frac{1}{1 + \mathrm{e}^{2\sqrt{\frac{N}{EJ}}\xi}}\left(\frac{q}{N}\mathrm{e}^{\sqrt{\frac{N}{EJ}}\xi} + \frac{q\xi}{EJ}\mathrm{e}^{2\sqrt{\frac{N}{EJ}}\xi}\sqrt{\frac{EJ}{N}}\right)$$

$$C_3 = \frac{q\xi}{N}$$

$$C_4 = -\frac{\dfrac{2qEJ}{N^2}\mathrm{e}^{\sqrt{\frac{N}{EJ}}\xi} + \dfrac{q\xi}{N}\sqrt{\dfrac{EJ}{N}}(\mathrm{e}^{2\sqrt{\frac{N}{EJ}}\xi} - 1)}{1 + \mathrm{e}^{2\sqrt{\frac{N}{EJ}}\xi}}$$

将 C_1、C_2、C_3、C_4 代入式（2-17），可得弹塑性有限变形悬臂梁挠度的表达式为：

$$w(x) = \frac{EJ}{N(1 + \mathrm{e}^{2\sqrt{\frac{N}{EJ}}\xi})}\left[\left(\frac{q}{N}\mathrm{e}^{\sqrt{\frac{N}{EJ}}\xi} - \frac{q\xi}{EJ}\sqrt{\frac{EJ}{N}}\right)\mathrm{e}^{\sqrt{\frac{N}{EJ}}x} + \left(\frac{q}{N}\mathrm{e}^{\sqrt{\frac{N}{EJ}}\xi} + \frac{q\xi}{EJ}\sqrt{\frac{EJ}{N}}\mathrm{e}^{2\sqrt{\frac{N}{EJ}}\xi}\right)\mathrm{e}^{-\sqrt{\frac{N}{EJ}}x}\right] -$$

$$\frac{q}{2N}x^2 + \frac{q\xi}{N}x - \frac{\dfrac{2qEJ}{N^2}\mathrm{e}^{\sqrt{\frac{N}{EJ}}\xi} + \dfrac{q\xi}{N}\sqrt{\dfrac{EJ}{N}}(\mathrm{e}^{2\sqrt{\frac{N}{EJ}}\xi} - 1)}{1 + \mathrm{e}^{2\sqrt{\frac{N}{EJ}}\xi}} \qquad (2-18)$$

工作面顶板大变形决定了工作面煤体的变形量，根据顶板变形可计算煤体受顶板有限变形约束条件下的应力解。为此，建立煤体变形与顶板挠曲变形耦合作用模型，如图 2-9 所示。

首先，为简化计算并能表现煤壁变形特点，取位移分量表达式为：

$$\begin{cases} u = A_1 xy \\ v = -w(x)\dfrac{y}{h_t} + A_2 xy\left(1 - \dfrac{y}{h_t}\right) \end{cases} \qquad (2-19)$$

式中　A_1，A_2——待定系数；

　　　　h_t——煤层厚度，而非机采高度。

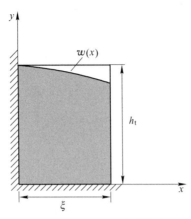

图 2-9　顶板弹塑性有限变形与煤体耦合变形模型

将式（2-19）代入徐芝纶[59]研究的平面应力问题形变势能表达式，可得：

$$V_\xi = \frac{E}{2(1-\mu^2)} \iint \left\{ A_1^2 y^2 + \left[-\frac{w(x)}{h} + A_2 x \left(1 - \frac{2y}{h}\right) \right]^2 + 2\mu A_1 y \left[-\frac{w(x)}{h} + A_2 x \left(1 - \frac{2y}{h_t}\right) \right] + \right.$$

$$\left. \frac{(1-\mu)}{2} \left[-\frac{\mathrm{d}w}{\mathrm{d}x} \frac{y}{h_t} + A_2 y \left(1 - \frac{y}{h_t}\right) + A_1 x \right]^2 \right\} \mathrm{d}x \mathrm{d}y$$

式中　μ——泊松比，即横向应变与纵向应变之比值。

为后续推导方便，令：

$$\frac{E}{2(1-\mu^2)} \iint \left[2\mu y \frac{w(x)}{h_t} + (1-\mu) \frac{\mathrm{d}w}{\mathrm{d}x} \frac{xy}{h_t} \right] \mathrm{d}x \mathrm{d}y = \alpha \qquad (2-20)$$

$$\frac{E}{2(1-\mu^2)} \iint \left[\frac{2xw(x)}{h_t} \left(1 - \frac{2y}{h_t}\right) + (1-\mu) \left(1 - \frac{y}{h_t}\right) \frac{\mathrm{d}w}{\mathrm{d}x} \frac{y^2}{h_t} \right] \mathrm{d}x \mathrm{d}y = \beta \qquad (2-21)$$

将式（2-18）中 $w(x)$ 代入式（2-20）和式（2-21）可知，α、β 为常数，于是有：

$$\frac{\partial V_\xi}{\partial A_1} = \frac{E}{2(1-\mu^2)} \left[\frac{2\xi h_t^3 A_1}{3} + \frac{\varepsilon^2 h_t^2 A_2}{12}(1-3\mu) + \frac{\xi^3 h}{3} A_1 (1-\mu) \right] - \alpha \qquad (2-22)$$

$$\frac{\partial V_\xi}{\partial A_2} = \frac{E}{2(1-\mu^2)} \left[\frac{2A_2 \xi^3 h_t}{9} + \frac{A_1 \xi^2 h_t^2}{12}(1-3\mu) + \frac{A_2 \xi h_t^3}{30}(1-\mu) \right] - \beta \qquad (2-23)$$

由里兹变分法[59,60]可知：

$$\begin{cases} \dfrac{\partial V_\xi}{\partial A_1} = \iint f_x u \mathrm{d}x \mathrm{d}y + \int \bar{f}_x u \mathrm{d}s \\[3mm] \dfrac{\partial V_\xi}{\partial A_2} = \iint f_y v \mathrm{d}x \mathrm{d}y + \int \bar{f}_y v \mathrm{d}s \end{cases} \qquad (2-24)$$

式中 f_x, f_y——体力分量;

$\bar{f}_x$, $\bar{f}_y$——面力分量;

s——已知面力边界。

将体力分量 $f_x = 0$、$f_y = \rho g$,面力分量 $\bar{f}_x = \bar{f}_y = 0$ 以及设定函数式(2-19)中的 u、v 代入式(2-24),结合式(2-22)、式(2-23)可得:

$$\frac{E}{2(1-\mu^2)}\left[\frac{2\xi h_t^3 A_1}{3} + \frac{\xi^2 h_t^2 A_2}{12}(1-3\mu) + \frac{\xi^3 h_t}{3}A_1(1-\mu)\right] - \alpha = 0 \qquad (2-25)$$

$$\frac{E}{2(1-\mu^2)}\left[\frac{2A_2\xi^3 h_t}{9} + \frac{A_1\xi^2 h_t^2}{12}(1-3\mu) + \frac{A_2\xi h_t^3}{30}(1-\mu)\right] - \beta$$

$$= \iint \rho g xy\left(1 - \frac{y}{h_t}\right)\mathrm{d}x\mathrm{d}y = \frac{\rho g \xi h_t^2}{6} \qquad (2-26)$$

由式(2-25)和式(2-26)两式解得 A_1、A_2,并代入式(2-19)可得位移表达式:

$$u = \frac{(1-\mu^2)\left\{\dfrac{\xi^2 h_t^2(1-3\mu)}{4}\left(\dfrac{\rho g \xi h^2}{6} + \beta\right) - \left[\dfrac{2\xi^3 h_t}{3} + \dfrac{\xi h_t^3(1-\mu)}{10}\right]\alpha\right\}}{E\left\{\dfrac{\xi^4 h_t^4(1-3\mu)^2}{48} - \left[2\xi h_t^3 + \xi^3 h_t(1-\mu)\right]\left[\dfrac{2\xi^3 h_t}{9} + \dfrac{\xi h_t^3(1-\mu)}{30}\right]\right\}}xy \qquad (2-27)$$

$$v = -w(x)\frac{y}{h_t} +$$

$$\frac{(1-\mu^2)\left\{\left(\dfrac{\rho g \xi h_t^2}{3} + 2\beta\right)\left[2\xi h_t^3 + \xi^3 h_t(1-\mu)\right] - \dfrac{\xi^2 h_t^2(1-3\mu)}{2}\alpha\right\}}{E\left\{\left[2\xi h_t^3 + \xi^3 h_t(1-\mu)\right]\left[\dfrac{2\xi^3 h_t}{9} + \dfrac{\xi h_t^3(1-\mu)}{30}\right] - \dfrac{\xi^4 h_t^4(1-3\mu)^2}{48}\right\}}xy\left(1 - \frac{y}{h_t}\right)$$

$$(2-28)$$

由位移分量表达式,容易求得应力分量表达式为:

$$\sigma_x = \frac{(1-\mu)^2\left\{\dfrac{\xi^2 h_t^2(1-3\mu)}{4}\left(\dfrac{\rho g \xi h_t^2}{6} + \beta\right) - \left[\dfrac{2\xi^3 h_t}{3} + \dfrac{\xi h_t^3(1-\mu)}{10}\right]\alpha\right\}}{(1-2\mu)\left\{\dfrac{\xi^4 h_t^4(1-3\mu)^2}{48} - \left[2\xi h_t^3 + \xi^3 h_t(1-\mu)\right]\left[\dfrac{2\xi^3 h_t}{9} + \dfrac{\xi h_t^3(1-\mu)}{30}\right]\right\}}$$

$$y - w(x)\frac{E\mu}{h_t(1+\mu)(1-2\mu)} +$$

$$\frac{(1-\mu)\mu\left\{\left(\dfrac{\rho g \xi h_t^2}{3} + 2\beta\right)\left[2\xi h_t^3 + \xi^3 h_t(1-\mu)\right] - \dfrac{\xi^2 h_t^2(1-3\mu)}{2}\alpha\right\}}{(1-2\mu)\left\{\left[2\xi h_t^3 + \xi^3 h_t(1-\mu)\right]\left[\dfrac{2\xi^3 h_t}{9} + \dfrac{\xi h_t^3(1-\mu)}{30}\right] - \dfrac{\xi^4 h_t^4(1-3\mu)^2}{48}\right\}} \times$$

$$x\left(1 - \frac{2y}{h_t}\right) \quad (2-29)$$

$$\sigma_y = -w(x)\frac{E(1-\mu)}{h_t(1+\mu)(1-2\mu)} +$$

$$\frac{(1-\mu)^2\left\{\left(\dfrac{\rho g\xi h_t^2}{3}+2\beta\right)[2\xi h_t^3+\xi^3 h_t(1-\mu)]-\dfrac{\xi^2 h_t^2(1-3\mu)}{2}\alpha\right\}}{(1-2\mu)\left\{[2\xi h_t^3+\xi^3 h_t(1-\mu)]\left[\dfrac{2\xi^3 h_t}{9}+\dfrac{\xi h_t^3(1-\mu)}{30}\right]-\dfrac{\xi^4 h_t^4(1-3\mu)^2}{48}\right\}}$$

$$x\left(1-\frac{2y}{h_t}\right)+\frac{(1-\mu)\mu\left\{\dfrac{\xi^2 h_t^2(1-3\mu)}{4}\left(\dfrac{\rho g\xi h_t^2}{6}+\beta\right)-\left[\dfrac{2\xi^3 h_t}{3}+\dfrac{\xi h_t^3(1-\mu)}{10}\right]\alpha\right\}}{(1-2\mu)\left\{\dfrac{\xi^4 h_t^4(1-3\mu)^2}{48}-[2\xi h_t^3+\xi^3 h_t(1-\mu)]\left[\dfrac{2\xi^3 h_t}{9}+\dfrac{\xi h_t^3(1-\mu)}{30}\right]\right\}}y$$

$$(2-30)$$

$$\tau_{xy} = -\frac{Ey}{2(1+\mu)h_t}\frac{\mathrm{d}w}{\mathrm{d}x} +$$

$$\frac{(1-\mu)\left\{\left(\dfrac{\rho g\xi h_t^2}{3}+2\beta\right)[2\xi h_t^3+\xi^3 h_t(1-\mu)]-\dfrac{\xi^2 h_t^2(1-3\mu)}{2}\alpha\right\}}{2\left\{[2\xi h_t^3+\xi^3 h_t(1-\mu)]\left[\dfrac{2\xi^3 h_t}{9}+\dfrac{\xi h_t^3(1-\mu)}{30}\right]-\dfrac{\xi^4 h_t^4(1-3\mu)^2}{48}\right\}}y\left(1-\frac{y}{h_t}\right)+$$

$$\frac{(1-\mu)\left\{\dfrac{\xi^2 h_t^2(1-3\mu)}{4}\left(\dfrac{\rho g\xi h_t^2}{6}+\beta\right)-\left[\dfrac{2\xi^3 h_t}{3}+\dfrac{\xi h_t^3(1-\mu)}{10}\right]\alpha\right\}}{2\left\{\dfrac{\xi^4 h_t^4(1-3\mu)^2}{48}-[2\xi h_t^3+\xi^3 h_t(1-\mu)]\left[\dfrac{2\xi^3 h_t}{9}+\dfrac{\xi h_t^3(1-\mu)}{30}\right]\right\}}x \quad (2-31)$$

由式（2-29）~式（2-31）可知，根据有限变形理论推导出的煤壁前方煤体应力表达式相对较复杂。但可以借助相关计算软件对上述公式进行分析。

2.3 煤壁前方塑性区范围描绘

基于顶板弹塑性有限变形理论，求得煤壁前方煤壁垂直应力表达式（2-30），结合塑性区定义，即有：

$$K\gamma H = -w(x)\frac{E(1-\mu)}{h_t(1+\mu)(1-2\mu)} +$$

$$\frac{(1-\mu)^2\left\{\left(\dfrac{\rho g\xi h_t^2}{3}+2\beta\right)[2\xi h_t^3+\xi^3 h_t(1-\mu)]-\dfrac{\xi^2 h_t^2(1-3\mu)}{2}\alpha\right\}}{(1-2\mu)\left\{[2\xi h_t^3+\xi^3 h_t(1-\mu)]\left[\dfrac{2\xi^3 h_t}{9}+\dfrac{\xi h_t^3(1-\mu)}{30}\right]-\dfrac{\xi^4 h_t^4(1-3\mu)^2}{48}\right\}}$$

$$x\left(1 - \frac{2y}{h_t}\right) + \frac{(1-\mu)\mu\left\{\frac{\xi^2 h_t^2(1-3\mu)}{4}\left(\frac{\rho g \xi h_t^2}{6} + \beta\right) - \left[\frac{2\xi^3 h_t}{3} + \frac{\xi h_t^3(1-\mu)}{10}\right]\alpha\right\}}{(1-2\mu)\left\{\frac{\xi^4 h_t^4(1-3\mu)^2}{48} - \left[2\xi h_t^3 + \xi^3 h_t(1-\mu)\right]\left[\frac{2\xi^3 h_t}{9} + \frac{\xi h_t^3(1-\mu)}{30}\right]\right\}} y$$

$$(2-32)$$

从式（2-32）可知，煤壁前方塑性区范围是一个关于 x、y 的方程，亦即是说煤壁前方塑性区宽度不是呈直线形状，而是呈曲线形状，这与数值模拟所得塑性区范围呈曲线形状相吻合，也是与现有文献塑性区宽度为定值的结果最本质的不同。

配点法应用较为广泛，最经典的配点问题是飞行器的飞行轨迹配点法预测问题。常用的配点法有：直接配点法[61]、最小二乘配点法[62]、小波配点法[63]及有理差值配点法[64]等。

下面以同煤集团同忻煤矿具体条件，利用直接配点法描绘煤壁前方煤体塑性区范围曲线。煤岩体基本物理力学参数是公式（2-32）计算的基础。

2.3.1 同忻矿煤体基本力学参数三轴试验结果

对同忻采集煤样进行了三轴压缩试验，以得到煤体泊松比、弹性模量、抗压强度等的具体值，方便公式（2-32）的计算求解。

主要测试目的：三轴压缩试验，得到煤体的泊松比、弹性模量及三轴强度值。同忻煤矿取样地点如图2-10所示，钻探过程得到钻孔综合柱状图如图2-11所示。

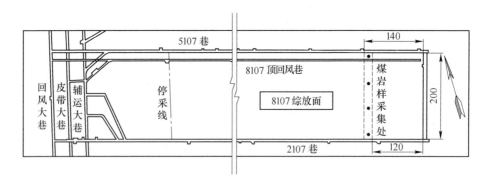

图 2 - 10 煤岩取样地点示意图

2.3.1.1 试件加工

切片机（图2-12a）主要对采集煤样进行切割处理，磨石机（图2-12b）主要完成试件加工。切片和加工试件是进行煤体三轴试验的基础工作。加工成型的试件如图2-13所示。

地层单位	岩性名称	柱状	岩层厚度/m	岩性描述
山西组	粉、细砂岩		$\dfrac{1.25\sim6.90}{3.62}$	深灰色，断口贝壳状，半坚硬，含植物化石
太原组	含砾粗砂岩		$\dfrac{0.35\sim9.55}{3.62}$	灰白色，成分以石英为主，次为长石，含云母及暗色矿物，次棱角状，分选性差，结构较坚硬
	粉、细砂岩		$\dfrac{0.28\sim12.66}{4.15}$	具水平层理，夹有煤屑，成分以石英、长石为主，含暗色矿物
	粉砂岩炭质泥岩		$\dfrac{0.46\sim9.26}{3.35}$	粉砂岩及炭质泥岩，粉砂岩具水平层理，夹有煤屑，炭质泥岩呈块状，易污手，含植物茎叶化石
	3～5号煤		$\dfrac{13.12\sim22.85}{16.85}$	半亮型为主，弱玻璃到玻璃光泽，裂隙发育，夹有镜煤条和薄层暗煤，较破碎，为复杂结构，含矸6层，煤层结构为：0.90(0.49)2.04(0.16)1.32(0.26)3.14(0.18)2.40(0.07)1.99(0.20)3.70
	泥岩		$\dfrac{1.67\sim2.44}{1.94}$	黑灰色，块状，质疏松易碎，含少量粉砂岩

图 2 - 11　钻孔综合柱状图

a　　　　　　　　　　　b

图 2 - 12　DQ - 4A 型切片机（a）和 SHM - 200 型磨石机（b）

图 2 - 13　加工成型试件

2.3.1.2　不同围压条件下的三轴抗压强度试验

（1）加载设备：TAW－2000 型电液伺服岩石三轴试验机，见图 2－14；

（2）记录设备：MN 压力动态记录系统，高精度 50cm×100cm 应变引伸计，见图 2－15；

（3）数据处理设备：联想计算机及相应的绘图机、打印机。

图 2－14　TAW－2000 微机控制电液伺服岩石三轴试验机整体结构

图 2－15　动态应变监测仪器及三轴试验压力室

根据同忻矿煤层的埋藏深度和试样的层理、节理、各向异性等特点，将煤样分别在 5MPa、10MPa 和 15MPa 围压条件下进行三轴压缩和变形试验。三组煤样应力－应变试验结果如图 2－16 所示。

综上，煤样的莫尔圆及其包络线如图 2－17 所示。

包络线方程为：

$$Y = 8.782 + 0.594\,x \tag{2-33}$$

由式（2－33）可知煤样的内聚力 $c = 8.782$MPa，内摩擦系数 $\tan\varphi = 0.594$，内摩擦角 $\varphi = 30.73°$。

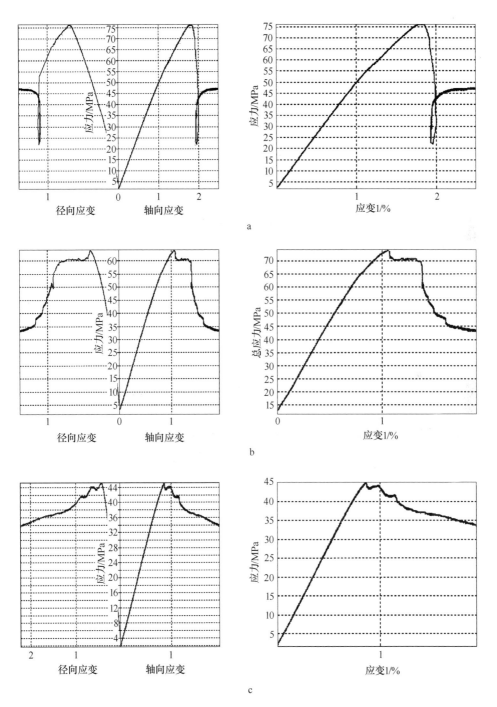

图 2 - 16 煤样应力 - 应变曲线
a—煤样 M1；b—煤样 M2；c—煤样 M3

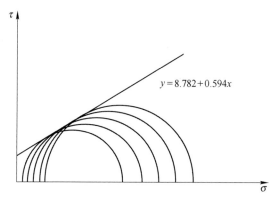

$$y = 8.782 + 0.594x$$

图 2 - 17　煤样莫尔圆及其包络线

综上，可得煤样三轴压缩试验结果，如表 2 - 3 所示。

表 2 - 3　煤样三轴抗压试验结果

岩　性	编号	抗压强度 σ_2 /MPa	围压 σ_3 /MPa	弹性模量 E /MPa	泊松比 μ
3~5 号煤	M1	13. 159	15	4703. 9	0. 432
	M2	13. 055	10	4559. 8	0. 385
	M3	13. 240	5	5322. 7	0. 495

2.3.2　8107 大采高综放面煤壁前方塑性区范围描绘

2.3.2.1　基于有限变形理论计算结果的塑性区范围描绘

一般情况下，煤壁前方支撑压力的影响范围在 15 ~ 20m，考虑大采高综放工作面前方支撑压力表现出的峰值点前移及影响范围扩大等实际因素，认为工作面煤壁前方 30m（即 $\xi = 30$）处支撑压力为原岩应力区，此处顶板挠曲变形值为 0。根据同忻矿 8107 综放面采高 3.9m、煤层厚度 17m 及其他基本参数，代入式（2 - 32），配点如表 2 - 4 所示。

表 2 - 4　8107 大采高综放面塑性区配点值

配点编号	1	2	3	4	5	6	7	8	9	10	11	12
y/m	0	1	2	3	4	6	8	10	12	14	16	17
x/m	27.8	27.4	27.1	26.7	26.2	24.3	22.1	18.5	17.6	16.5	16.1	15.9

将上述各点标记在配点图中，然后进行拟合。曲线拟合可利用 AUTO CAD 软件样条曲线的连线功能实现，即样条曲线经过各个配点，并在曲线两个端面位置按照曲线变化趋势进行定向，最后得到煤体内弹塑性分界线，如图 2 - 18 所示。

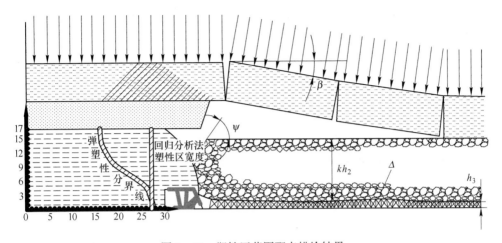

图 2 - 18　塑性区范围配点描绘结果

k—采空区矸石松散系数；ψ—岩石安息角；β—基本顶回转角；h_3—浮煤厚度；Δ—浮煤

2.3.2.2　基于正交试验煤壁前方塑性区宽度标记

为说明基于有限变形理论塑性区范围求解的积极意义，现将 2.1 节中基于正交试验所得到的煤壁片帮塑性变形影响系数多元非线性回归结果表示在图 2 - 18 中，即：

$$Y_s = 2.005664 + 0.0026e^H + 0.000043e^M - 0.0648e^f - 0.1283e^P$$

将 $H = 3.9\mathrm{m}$、$M = 17\mathrm{m}$、$f = 1.3$、$P = 1.2$ 代入可得：

$$Y_s = 2.005664 + 0.0026e^{3.9} + 0.000043e^{17} - 0.0648e^{1.3} - 0.1283e^{1.2} = 2.43(\mathrm{m})$$

根据煤壁片帮塑性变形系数的定义，可将 2.43m 作为煤壁前方塑性区宽度的值，如图 2 - 18 所示。

2.3.3　煤壁前方塑性区范围两种计算方法对比分析

（1）采用有限变形理论计算得到的塑性区范围是关于 x、y 的函数，是一条曲线；采用正交试验回归分析得到的塑性区范围与 x、y 无关，而是煤壁片帮影响关键因素的函数，其求得的塑性区宽度是定值，不随 x、y 变化。

（2）有限变形理论计算得到的塑性区范围与数值模拟结果和现有采矿现场实践相吻合，煤壁前方塑性区范围不可能表现为垂直直线状，因此，基于有限变形理论煤壁前方塑性区范围求解可靠性更高。

（3）从图 2 - 18 可知，对于大采高综放工作面，正交试验回归分析得到的塑性区范围与有限变形理论计算得到的塑性区范围在采煤机割煤高度区间内一致性程度较高，即说明采用正交试验回归分析方法可以判定采高范围内塑性区宽度，从而指导实践。

（4）在顶煤范围内，正交试验回归分析得到的塑性区范围与有限变形理论计算得到的塑性区范围差异性比较明显。因此，对于综放工作面，顶煤塑性区范围不能采用传统解法，包括正交试验回归分析法、D－P－Y准则＋极限理论法、D－P准则＋极限理论法等在顶煤范围内求解煤体塑性区范围都是不可靠的。

上述研究结果表明，顶煤塑性变形与煤壁前方机采高度范围内煤体塑性变形具有明显的时间差异化特点，这种时间差异化也体现了不同采煤方法煤体控制的差异化。由于顶煤塑性变形明显超前于煤壁前方机采高度内煤体塑性变形，因此综放面顶煤的控制显得尤为重要。防止顶煤冒漏首先需要防止煤壁片帮，特别是大范围深度片帮，顶煤失去冒漏所需流动空间，顶煤稳定性将得到有效控制。

2.4 本章小结

本章综合正交试验、数值模拟、理论研究和配点描绘等方法，采用正交试验和有限变形理论计算得出煤壁前方煤体塑性区范围相关结果，并对两种计算结果进行线性描绘，对比分析了两种计算结果的差异性，阐述了基于有限变形理论求解结果的科学合理性。

（1）提出煤壁片帮塑性变形系数 λ 的概念。为定量考察煤壁前方塑性区范围，定义煤壁片帮塑性变形系数 λ：走向垂直平面切割煤壁所形成的剖面上，采高范围内塑性变形区面积与煤壁前方单位宽度面积的比值，即：

$$\lambda = \frac{S_\mathrm{p}}{S_\mathrm{I}}$$

（2）设计煤壁片帮塑性变形系数关于采煤高度、煤层厚度、煤层普氏硬度系数和支架支护强度4个影响因素5个水平共计20个方案的正交试验，对试验结果进行多元非线性回归分析，得到回归方程：

$$Y_\mathrm{s} = 2.005664 + 0.0026\mathrm{e}^H + 0.000043\mathrm{e}^M - 0.0648\mathrm{e}^f - 0.1283\mathrm{e}^P$$

（3）基于顶板破断变形特征相似材料模拟和综放煤矸流场特性 PFC^2D 模拟结果，指出大采高综放面由于顶煤散体静止区的存在，煤层上方顶板呈弹塑性悬臂梁的基本认知。

（4）运用弹塑性有限变形理论及里兹变分法，计算得到顶板弹塑性悬臂梁挠度方程为：

$$w(x) = \frac{EJ}{N(1+\mathrm{e}^{2\sqrt{\frac{N}{EJ}}\xi})}\Big[\Big(\frac{q}{N}\mathrm{e}^{\sqrt{\frac{N}{EJ}}\xi} - \frac{q\xi}{EJ}\sqrt{\frac{EJ}{N}}\Big)\mathrm{e}^{\sqrt{\frac{N}{EJ}}x} + \Big(\frac{q}{N}\mathrm{e}^{\sqrt{\frac{N}{EJ}}\xi} + \frac{q\xi}{EJ}\sqrt{\frac{EJ}{N}}\mathrm{e}^{2\sqrt{\frac{N}{EJ}}\xi}\Big)\mathrm{e}^{-\sqrt{\frac{N}{EJ}}x}\Big] -$$

$$\frac{q}{2N}x^2 + \frac{q\xi}{N}x - \frac{\frac{2qEJ}{N^2}\mathrm{e}^{\sqrt{\frac{N}{EJ}}\xi} + \frac{q\xi}{N}\sqrt{\frac{EJ}{N}}(\mathrm{e}^{2\sqrt{\frac{N}{EJ}}\xi} - 1)}{1 + \mathrm{e}^{2\sqrt{\frac{N}{EJ}}\xi}}$$

煤壁前方煤体顶板弹塑性有限变形约束条件下，煤壁前方煤体垂直应力表达式为：

$$\sigma_y = -w(x)\frac{E(1-\mu)}{h_t(1+\mu)(1-2\mu)} +$$

$$\frac{(1-\mu)^2\left\{\left(\dfrac{\rho g\xi h_t^2}{3}+2\beta\right)[2\xi h_t^3+\xi^3 h_t(1-\mu)]-\dfrac{\xi^2 h_t^2(1-3\mu)}{2}\alpha\right\}}{(1-2\mu)\left\{[2\xi h_t^3+\xi^3 h_t(1-\mu)]\left[\dfrac{2\xi^3 h_t}{9}+\dfrac{\xi h_t^3(1-\mu)}{30}\right]-\dfrac{\xi^4 h_t^4(1-3\mu)^2}{48}\right\}}$$

$$x\left(1-\frac{2y}{h_t}\right)+\frac{(1-\mu)\mu\left\{\dfrac{\xi^2 h_t^2(1-3\mu)}{4}\left(\dfrac{\rho g\xi h_t^2}{6}+\beta\right)-\left[\dfrac{2\xi^3 h_t}{3}+\dfrac{\xi h_t^3(1-\mu)}{10}\right]\alpha\right\}}{(1-2\mu)\left\{\dfrac{\xi^4 h_t^4(1-3\mu)^2}{48}-[2\xi h_t^3+\xi^3 h_t(1-\mu)]\left[\dfrac{2\xi^3 h_t}{9}+\dfrac{\xi h_t^3(1-\mu)}{30}\right]\right\}}y$$

（5）通过同忻矿煤体基本力学参数三轴压缩试验得到煤壁前方煤体塑性区范围描绘的相关参数具体值，运用配点法描绘出基于有限变形理论煤壁前方煤体塑性区范围，并将其与正交试验得到的煤壁前方煤体塑性区范围进行对比，得出顶煤塑性变形与煤壁前方机采高度范围煤体塑性变形具有明显时间差异化特点，即顶煤塑性变形明显超前于煤壁前方机采高度内煤体塑性变形。

3 不同硬度煤层大采高综放面煤壁片帮机理研究

煤壁片帮迹线形状与煤层硬度密切相关，结合不同硬度煤样三轴压缩试验屈服极限后应力 – 应变曲线变化特征及现场调研，对不同硬度条件下煤壁片帮迹线形状进行了分类。根据煤壁片帮迹线不同分类结果，首先建立坚硬煤壁尖点突变片帮模型，计算得出片帮发生条件判据；其次建立软弱煤层弧形滑动失稳力学模型，分析煤壁起始破裂点位置及顶煤冒落对煤壁片帮的影响，计算得出煤壁片帮安全系数计算式，并结合8107综放面具体生产地质条件分析软弱煤层片帮关键影响因素；最后，基于夹矸强度弱化理论，建立含软弱夹矸煤壁片帮力学模型，得出软弱夹矸首先发生失稳的条件判据。

3.1 不同硬度煤体片帮迹线分类

3.1.1 不同硬度煤体三轴压缩试验应力 – 应变特性对比

三轴压缩试验能够得到煤样全应力 – 应变曲线，从而准确判别煤体变形破坏特征。为研究坚硬煤体和软弱煤体变形破坏特征，采集同煤集团塔山煤矿8105综放面煤样（矿方提供煤体普氏硬度系数 $f = 2 \sim 4$）与同忻煤矿8107综放面煤壁严重片帮事故处软弱煤体（矿方提供煤体普氏硬度系数 $f = 1.5 \sim 3.7$，但发生事故区域煤体遇水弱化现象比较明显，强度降低，试验得到普氏硬度系数约为1.5）进行试验对比。

同忻煤矿采集煤样如2.3.1节图2 – 13所示，试验用坚硬煤体加工成型试件如图3 – 1所示。将试验样品分为三组，比较每一组两个样品变形破坏特征，试验结果如图3 – 2所示（软煤在前，硬煤在后）。

图3 – 1　试验用坚硬煤体加工成型试件

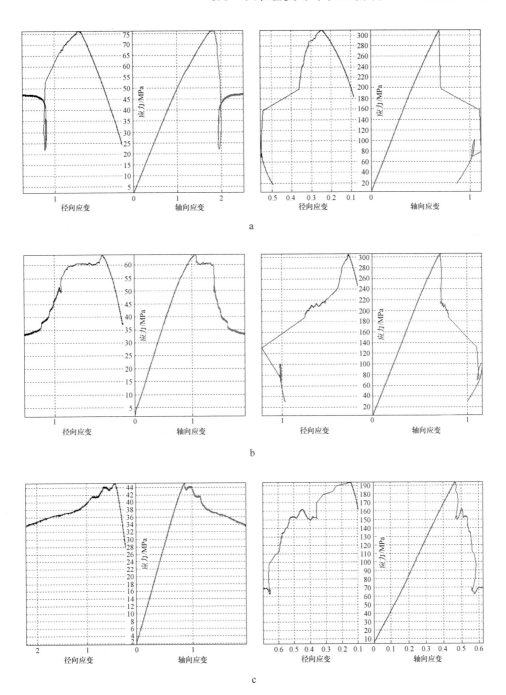

图 3-2　三组煤样应力-应变曲线汇总结果

a—第一组煤样应力-应变曲线；b—第二组煤样应力-应变曲线；

c—第三组煤样应力-应变曲线

试验结果分析：

（1）坚硬煤层煤体达到极限强度后，应力－应变曲线斜率较大，即应变增加量较小，但应力明显降低，煤样表现出较为明显的脆性。这一特点与现场坚硬煤层煤壁片帮特点相吻合：煤壁在顶板压力作用下，表现为突然的脆性破坏，有时伴随弹性势能的突然释放，并表现出小范围块状煤体弹射现象或者煤壁岩爆现象。

（2）软弱煤层，除第一组试验曲线，煤体达到极限强度后，应力－应变曲线斜率较小，即随应变的显著增加，应力增加较为缓慢。这一特点符合软弱煤层片帮破坏特点，即煤壁在顶板高应力作用下，能够产生较大变形，但仍然具有一定的承载作用。

煤壁片帮事故的发生是煤壁前方煤体变形破坏的必然后果。煤体硬度不同，应力－应变曲线不同，尤其是强度极限后应力－应变曲线表现出明显的差异性，反映了煤体硬度对煤壁片帮的影响。

另外，杨永杰等[65~67]在不同围压条件下对鲍店煤矿 3 号煤层和新河煤矿 3 号煤层煤样进行了三轴压缩试验，其应力－应变曲线如图 3-3、图 3-4 所示。

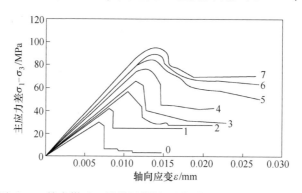

图 3-3　鲍店煤矿 3 号煤层煤样不同围压下应力－应变曲线

0—0MPa；1—2MPa；2—5MPa；3—8MPa；4—12MPa；5—16MPa；6—20MPa；7—24MPa

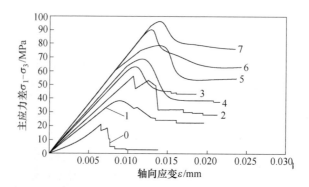

图 3-4　新河煤矿 3 号煤层煤样不同围压下应力－应变曲线

0—0MPa；1—2MPa；2—4MPa；3—6MPa；4—8MPa；5—10MPa；6—12MPa；7—14MPa

得到的基本结论是：预片帮煤体的抗压强度与围压大小有关，围压增大，煤体抗变形能力增强。但增加围压对提高煤体抗变形能力的作用是有限的，当围压增加到一定值再继续增加围压时，煤体强度改变较小。

三轴压缩试验的这一结论为煤壁控制提供了技术指导。在煤矿现场，增加围压预防煤壁片帮的主要辅助措施是提高支架护帮板的护帮阻力，但对于护帮阻力的大小问题，至今没有进行严格的理论分析。上述结论表明，增加护帮阻力可提高预片帮煤体稳定性，但煤壁护帮阻力并不是越大越好，护帮阻力较大时对煤体强度的提高是非常有限的。

3.1.2 煤壁片帮迹线与煤体硬度关系探讨

通过对同煤集团同忻煤矿及金海洋五家沟煤矿、南阳坡煤矿、马营煤矿的现场调研，归纳总结了煤壁片帮迹线的基本类型，并对各类型在不同硬度条件下发生片帮的可能性进行了统计分析。

大采高综放煤壁片帮迹线形状与煤体硬度密切相关，软弱煤层均质性较好，容易发生煤壁上部的弧形滑动片帮，且一般与顶煤"拱式"结构失稳同步；坚硬煤层失稳表现出突发性和明显的脆性，根据片帮位置不同片帮迹线呈斜直线型或凹槽型；夹矸对片帮迹线影响较大，坚硬夹矸下位煤体一般呈台阶型片帮，软弱夹矸一般引起煤壁的整体片帮。常见片帮形式如图 3-5 所示。

图 3-5 大采高综放面煤壁片帮常见形式

a—片帮冒顶同步型；b—拉裂破坏凹槽型；c—夹矸影响倒台阶型；d—软弱夹矸片帮型

根据上述照片总结煤壁片帮迹线的基本形状包括：上部弧形滑动片帮（多表现为软弱煤层上部弧形片帮，且与顶板"拱式"结构失稳同步）、上部斜直线型片帮、中部凹槽型片帮及夹矸影响台阶型片帮。

根据现场经验，煤壁片帮迹线与煤层硬度及夹矸性质的基本关系为：软弱煤层主要表现为上部弧形；坚硬煤层主要表现为中部凹槽型；坚硬夹矸表现为台阶型；软弱夹矸表现为夹矸片帮型。

大采高综放面煤壁片帮迹线模型如图 3 - 6 所示。

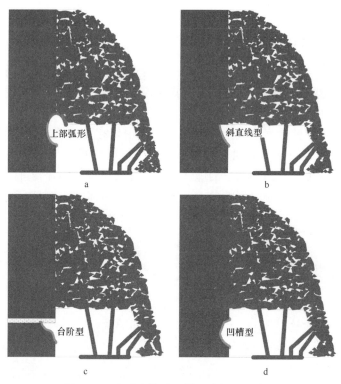

图 3 - 6 大采高综放面煤壁片帮迹线模型

a—片帮冒顶同步型；b—顶板高压剪切型；c—夹矸影响台阶型；d—拉裂破坏凹槽型

为进一步了解煤层硬度对片帮迹线形状的影响，统计了同忻煤矿及五家沟煤矿煤层硬度与四种常见片帮迹线发生的概率，统计结果见表 3 - 1。

表 3 - 1 煤壁片帮不同迹线发生概率统计

指 标	不同迹线发生概率统计										
	同忻煤矿 8107 大采高综放面						五家沟煤矿 5203 大采高综放面				
类型或 f 值	f 值	a	b	c	d	其他	f 值	a	b	c	d	其他
概率值	1.3	62%	18%	2%	6%	12%	1.8	8%	22%	14%	46%	10%

在上述四种片帮迹线中，上部弧形片帮与斜直线型片帮均属于剪切破断型片帮，而凹槽型属于典型的拉裂式片帮。

从表3－1可知，同忻煤矿煤体较软弱（8107工作面局部受水影响严重），主要发生煤壁上部的弧形滑动失稳，发生比例为62%；五家沟煤矿由于煤体较硬，主要发生煤壁中部拉裂式片帮，其比例为46%，而上部斜直线型片帮比例达到22%，也是其主要片帮形式。

根据现场调研，得到煤壁各种片帮轨迹应满足的外力条件和煤体自身物理力学条件，如表3－2所示。

表3－2　煤壁片帮不同迹线发生条件

迹线形状	外力条件		煤岩体条件		
	顶板外力	护帮阻力	煤体硬度	节理裂隙发育情况	夹矸影响
凹槽型	垂直高应力压缩	有或较小	硬及中硬	不发育、均质	无夹矸均质煤体
夹矸台阶型	垂直应力	无或较小	中硬及软	发育	夹矸决定台阶位置
弧形	垂直高应力剪切	有且较大	软及极软	不发育、均质	无夹矸均质煤体

不同片帮轨迹概述如下：

（1）拉裂凹槽型：煤体均质无夹矸影响、节理裂隙不发育、完整性较好、硬度较大且煤壁支护不及时，顶板较大垂直应力引起煤壁水平横向位移，发生挠曲变形，引起煤壁拉裂破坏；

（2）台阶折线型：发生的根本原因是煤体均质性被破坏，片帮在夹矸位置处不规则扩展或中断；

（3）弧形：煤体均质、节理裂隙不发育、硬度较小，顶板较大垂直应力对煤壁进行剪切破坏后，弧形裂隙向煤壁自由面扩展。

综上所述，坚硬煤壁主要发生中部拉裂式片帮和上部斜直线型片帮，软弱煤层主要发生上部弧形滑动片帮，夹矸改变煤质均匀性，使片帮轨迹发生改变。本书片帮机理研究将重点研究坚硬煤层中部拉裂片帮、坚硬煤层受夹矸影响片帮、软弱煤层上部弧形滑动片帮及软弱夹矸煤壁片帮四种类型。

3.2　基于尖点突变理论坚硬煤层大采高综放面煤壁片帮机理研究

根据坚硬煤体三轴压缩试验结果可知，坚硬煤体破坏表现出明显的突发性和剧烈性，由此，笔者结合相关突变理论对坚硬煤壁片帮机理进行相关计算分析。

3.2.1　煤壁片帮尖点突变模型的建立

突变理论是非线性科学的一个分支学科，理论基础是物质奇异性理论，是用拓扑学的方法对事物发展或者破坏过程"去伪存真"，找到事物在一定范围内突变所遵循的普适原则，保留事物破坏过程的共性，达到了解事物突变的目的。

突变理论研究事物破坏过程与传统弹塑性理论有本质差别：弹塑性理论主要通过对比材料本身的抗拉强度或者抗压强度与材料在特定条件下内部应力大小来判断材料所处的状态，不能反映材料破坏的猛烈程度。然而，研究坚硬煤壁片帮过程中，片帮煤体破坏带有突发性，也就是说研究煤壁片帮，不仅关心煤壁片帮的应力条件，更加关心煤壁片帮现象发生的突然性和剧烈性，而突变理论就能很好地解决弹塑性理论研究煤壁片帮中遇到的问题。

3.2.1.1 突变理论分类模型

突变模型中可能发生突变的量称为状态变量，诱发状态变量突变的因素称为控制变量。状态变量一般由 $n(n \geqslant 2)$ 个控制变量组成的势函数表达，势函数在各个临界点附近表现出非连续性，通过对诸多临界点进行分析找出状态变量发生突变的条件。根据控制变量个数不同，将突变理论分为 7 种类型[68~70]：

（1）折叠型：1 个控制变量，势函数表达式为：

$$V = x^3 + ux$$

（2）尖点型：2 个控制变量，势函数表达式为：

$$V = x^4 + ux^2 + vx$$

（3）燕尾型：3 个控制变量，势函数表达式为：

$$V = x^6 + ux^3 + vx^2 + wx$$

（4）蝴蝶型：4 个控制变量，势函数表达式为：

$$V = x^6 + tx^4 + ux^3 + vx^2 + wx$$

（5）双曲型：3 个控制变量，2 个变量，势函数表达式为：

$$V = x^3 + y^3 + wxy - ux - vy$$

（6）椭圆型：3 个控制变量，2 个变量，势函数表达式为：

$$V = x^3 - xy^2 + w(x + y) - ux + vy$$

（7）抛物线型：4 个控制变量，2 个变量，势函数表达式为：

$$V = y^4 + x^2y + wx^2 + ty^2 + ux + vy$$

上述 7 种突变模型中，控制变量小于等于 4、变量个数为 1 的模型有 4 个，即折叠突变模型、尖点突变模型、燕尾突变模型和蝴蝶突变模型。这 4 种模型势函数相对较为简单，在现实应用中，尖点突变模型最为广泛。

3.2.1.2 突变模型的特征

Zeeman 突变机构得到的突变特征简要叙述如下：

（1）突跳性。控制变量在某一变化区域发生微小改变即可引起状态变量发生质的改变，即从一个临界状态突然跳跃至另一个临界状态，状态变量的改变表现出突发性和跳跃性。

（2）滞后性。由于突变过程在一定区间具有不可逆性，能量的释放和消耗也不相同，因此突变具有滞后性。

（3）发散性。突变的"蝴蝶效应"表明在连续平滑区间，控制变量的微小变化导致状态变量的微小变化，但是在临界点附近区间，控制变量的微小变化可能导致状态变量的突变，导致状态变量发生根本性的改变，这种现象就是发散性。

（4）多模态。不同突变分类模型对应的控制变量数量及变量数量不同，系统会出现两个或多个不同状态。尖点突变模型就有两个模态，属于双模态。

（5）不可达性。状态变量在一个平衡位置上不可能实现真正意义的平衡，对应一个极小值点或极大值点，应有一个不稳定 Morse 点与其对应。

（6）多径性。对于状态变量的两种不同状态，控制变量可以通过不同的路径到达，既可以平滑过渡，也可以通过突然跳跃到达。

用少数几个关键控制变量，通过建立不连续数学模型，预测系统诸多定性或定量状态，这就是突变理论的优点。

3.2.1.3 煤壁片帮尖点突变模型的建立

尖点突变模型因临界曲面构造简单、几何直观性强且计算过程较为简单而被广泛应用。其一般研究思路为：

（1）建立尖点突变模型，写出势函数表达式，并将势函数表达式转换成尖点突变标准势函数表达式，即：

$$V = x^4 + ux^2 + vx \qquad (3-1)$$

（2）求平衡曲面控制方程。对式（3-1）求一阶导数，得到平衡曲面控制方程，平衡曲面是具有褶皱的光滑曲面。

$$V' = 4x^3 + 2ux + v = 0 \qquad (3-2)$$

（3）求奇点集控制方程。对式（3-1）求二阶导数，得到奇点集控制方程：

$$V'' = 12x^2 + 2u = 0 \qquad (3-3)$$

（4）求分歧点集方程。由式（3-2）和式（3-3）消去 x 得到分歧点集方程为：

$$\Delta = 8u^3 + 27v^2 = 0 \qquad (3-4)$$

（5）根据分歧点集判断系统稳定性，若控制变量满足式（3-4），即变化路径穿过分歧点集，则系统将发生突变，若不通过则不发生突变。由此找出系统发生突变所应满足的条件。

煤壁片帮具有突发性特点，适合运用尖点突变理论进行片帮机理研究。建立煤壁片帮尖点突变模型如图3-7所示[71]。平衡曲面上叶为煤壁稳定区，下叶为煤壁片帮区，中叶为突变区。煤壁片帮控制变量发生改变时，促使状态变量改变，当状态变量沿路径 A 变化时，控制变量满足分歧点集方程变化过程，此时路径与分歧点集相交，系统发生了突变，即煤壁发生了片帮。

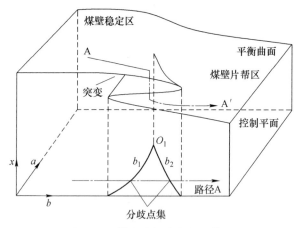

图 3 – 7   煤壁片帮尖点突变模型

3.2.2   坚硬煤层不同片帮迹线条件下片帮机理研究

坚硬煤层大采高综放煤壁片帮主要形式是煤壁中部凹槽型拉裂破坏和煤壁上部斜直线型片帮。产生凹槽型拉裂破坏的主要原因是煤壁中部区域在顶板压力作用下产生较大水平位移，现有压杆理论对中部凹槽型破坏进行了深入研究。

3.2.2.1   坚硬煤层煤壁凹槽型拉裂破坏压杆理论

对于凹槽型拉裂破坏，由于煤壁中部区域水平位移较大，而煤壁上部区域水平位移较小，故可将煤壁简化为下端刚性固支、上端铰支的等直细长压杆模型，如图 3 – 8 所示。

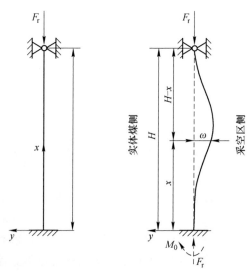

图 3 – 8   下端刚性固支、上端铰支煤壁模型

假设在煤壁一定走向深度内压杆处于临界平衡状态，则压杆在任意 x 横截面上的弯矩为：

$$M(x) = F_r\omega - \frac{M_0}{H}(H - x) \tag{3-5}$$

则挠曲线近似微分方程为：

$$EI\omega'' = - M(x) = \frac{M_0}{H}(H - x) - F_r\omega \tag{3-6}$$

令 $k^2 = \dfrac{F_r}{EI}$，则微分方程式（3-6）的通解为：

$$\omega = A\sin kx + B\cos kx + \frac{M_0}{F_r H}(H - x) \tag{3-7}$$

边界条件为：

$$x = 0, \omega = 0 \text{ 且} \frac{d\omega}{dx} = 0$$

从而得 A、B 表达式为：

$$A = \frac{M_0}{kF_r H}, B = -\frac{M_0}{F_r} \tag{3-8}$$

将式（3-8）代入式（3-7）得：

$$\omega = \frac{M_0}{F_r H}\left[\frac{1}{k}\sin kx - H\cos kx + (H - x)\right] \tag{3-9}$$

将 $x = H$、$\omega = 0$ 代入式（3-9）得：

$$\tan kH = kH \tag{3-10}$$

满足式（3-10）的 kH 的最小非零解为 $kH = 4.49$，结合三角变换，式（3-9）可表达为：

$$\omega = \frac{M_0}{F_r}\left[1.02\sin 4.49\left(1 - \frac{x}{H}\right) + \left(1 - \frac{x}{H}\right)\right] \tag{3-11}$$

根据式（3-11），当 $\sin 4.49\left(1 - \dfrac{x}{H}\right) = 1$ 时，压杆挠度最大，此时 $4.49\left(1 - \dfrac{x}{H}\right) = \dfrac{\pi}{2}$，即 $x = 0.65H$ 时，压杆挠度最大。

上述是煤壁中部凹槽型片帮压杆模型的经典解释，根据上述观点，煤壁 0.65 倍采高处首先出现拉裂破坏。

需要指出的是，凹槽型破坏压杆模型将上部看做是铰支端，并且约束边界条件是压杆最上方即压杆顶端不发生水平位移，这种假设在顶煤完整性较好、煤壁发生中部片帮条件下是合理简化，但对于煤壁上部片帮此观点就不再适用了。

3.2.2.2 基于尖点突变理论坚硬煤层上部斜直线型片帮机理

对于大采高综放面坚硬煤壁上部斜直线型片帮，压杆模型简化为下端刚性固支、上端自由受压的等直细长压杆（图 3 – 9）。理由为：（1）片帮位置为煤壁顶端，即煤壁顶端水平位移最大；（2）顶板挠曲变形压缩作用使煤体呈散体状且有向采空区侧自由移动趋势；（3）煤壁上部顶煤塑性区范围较大，煤体已不再受顶板约束。

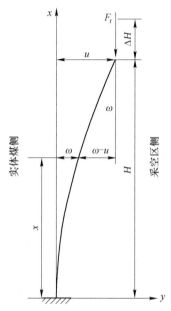

图 3 – 9　下端固支、上端自由煤壁模型

A　顶板最小临界力的求解

假设在煤壁一定走向深度内压杆处于临界平衡状态，则压杆在任意 x 横截面上的弯矩为：

$$M(x) = F_r(u - \omega) \tag{3-12}$$

则挠曲线近似微分方程为：

$$EI\omega'' = -M(x) = F_r(u - \omega) \tag{3-13}$$

令 $k^2 = \dfrac{F_r}{EI}$，则微分方程式（3 – 13）的通解为：

$$\omega = A_1\sin kx + B_1\cos kx + u \tag{3-14}$$

结合边界条件 $x = 0$、$\omega = 0$ 且 $\dfrac{\mathrm{d}\omega}{\mathrm{d}x} = 0$ 得到 $A_1 = 0$，$B_1 = -u$，代入式（3 – 14）得：

$$\omega = u(1 - \cos kx) \tag{3-15}$$

又 $x = H$ 时，$\omega = u$，得到 $kH = \pi/2$，从而得到顶板压力最小临界力为：

$$F_r = \frac{\pi^2 EI}{4H^2} \tag{3-16}$$

B 总势能表达式的求解

等直细长压杆发生微小弯曲变形时，其总势能为：

$$V_t = U_t - F_r\Delta H \tag{3-17}$$

式中 U_t——等直细长杆弯曲应变能改变量；

$F_r\Delta H$——外力功。

等直细长杆应变能改变量为：

$$U_t = \frac{1}{2}\int_0^H M_s\kappa_s\mathrm{d}s = \frac{EI}{2}\int_0^H \kappa_s^2\mathrm{d}s \tag{3-18}$$

式中 M_s，κ_s——分别为等直细长杆弧坐标为 s 处的弯矩和曲率。

如图 3-10 所示，根据材料力学及三角函数关系可知：$\sin\theta = \dfrac{\mathrm{d}f}{\mathrm{d}s} = f'$，则 $\theta = $ arcsinf'，从而曲率为：

$$\kappa_s = \frac{\mathrm{d}\theta}{\mathrm{d}s} = \frac{\mathrm{d}(\arcsin f')}{\mathrm{d}s} = \frac{f'}{(1-f'^2)^{\frac{1}{2}}} \tag{3-19}$$

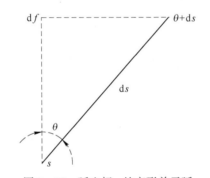

图 3-10 弧坐标 s 处变形单元弧

将式（3-19）代入式（3-18），得：

$$U_t = \frac{1}{2}\int_0^H M_s\kappa_s\mathrm{d}s = \frac{EI}{2}\int_0^H \kappa_s^2\mathrm{d}s = \frac{EI}{2}\int_0^H \frac{f'^2}{1-f'^2}\mathrm{d}s \tag{3-20}$$

对式（3-20）在 $s=0$ 处泰勒（Taylor）展开，取前四项有：

$$U_t = \frac{3EI\pi^6}{256H^5}s^4 + \frac{EI\pi^4}{64H^3}s^2 + U_{(s^6)} \tag{3-21}$$

外力做功为：

$$F_r\Delta H = F_r\left(H - \int_0^H \sqrt{\mathrm{d}s^2 - \mathrm{d}f^2}\right) = F_r\left(H - \int_0^H \sqrt{1-f'^2}\mathrm{d}s\right) \tag{3-22}$$

将式（3-21）在 $s=0$ 处泰勒（Taylor）展开，取前四项有：

$$F_r\Delta H = F_r\left[H - \int_0^H \left(1 - \frac{1}{2}f'^2 - \frac{1}{8}f'^4\right)\mathrm{d}s\right] = F_r\left(\frac{3\pi^4}{1024H^3}s^4 + \frac{\pi^2}{16H}s^2 + U_{(s^6)}\right)$$

$$\tag{3-23}$$

将式（3-21）、式（3-23）代入式（3-17），得到总势能表达式：

$$V_t = U_t - F_r\Delta H = \frac{3\pi^4}{256H^3}\left(\frac{EI\pi^2}{H^2} - \frac{F}{4}\right)s^4 + \frac{\pi^2}{16H}\left(\frac{EI\pi^2}{4H^2} - F\right)s^2 + U_{(s^6)}$$

$$(3-24)$$

令 $\frac{F}{4} - \frac{EI\pi^2}{H^2} = \delta$，则 s_4 项系数变为：$\frac{3\pi^4}{256H^3}\left(\frac{15EI\pi^2}{16H^2} - \frac{\delta}{4}\right)$，略去 $\frac{\delta}{4}$ 及

$U_{(s^6)}$，得：

$$V_t = U_t - F_r\Delta H = \frac{3EI\pi^2}{256H^5}s^4 + \frac{\pi^2}{16H}\left(\frac{EI\pi^2}{4H^2} - F\right)s^2 + U_{(s^6)} \qquad (3-25)$$

3.2.2.3 基于尖点突变标准势能函数的煤壁片帮判据确定

公式（3-25）即为等直细长杆总势能函数表达式，现将其转换为尖点突变标准势能函数形式，令：

$$\begin{cases} s = \frac{4H}{\pi}\left(\frac{H}{3EI\pi^2}\right)^{\frac{1}{4}}x \\ u = \frac{H}{\pi}\left(\frac{H}{3EI}\right)^{\frac{1}{2}}\left(\frac{EI\pi^2}{4H^2} - F_r\right) \\ v = 0 \end{cases} \qquad (3-26)$$

将式（3-26）代入分歧点集方程：

$$\Delta = 8u^3 + 27v^2 = 0$$

得到煤壁发生片帮力学条件判据为：

$$\frac{H}{\pi}\left(\frac{H}{3EI}\right)^{\frac{1}{2}}\left(\frac{EI\pi^2}{4H^2} - F_r\right) \leqslant 0 \qquad (3-27)$$

分析式（3-27），得到如下结论：

（1）煤壁是否片帮主要取决于工作面机采高度和顶板压力；

（2）顶板压力 F_r 越大，煤壁发生片帮的可能性越大；

（3）采高越大，煤壁发生片帮的可能性越大。

3.3 软弱煤壁弧形滑动失稳机理研究

3.3.1 软弱煤壁弧形滑动片帮数值模拟研究

以同煤集团同忻煤矿 8107 大采高综放工作面煤层普氏硬度系数约为 1.5 的煤壁进行软弱煤层弧形滑动失稳数值模拟。8107 大采高综放工作面盖山厚度平均为 448m，主采煤层为石炭系 3～5 号煤层，煤层平均厚度（含夹矸）为 15.50m，均质较完整，易发生上部弧形滑动片帮。

8107 大采高综放面采用单一走向长壁后退式综合机械化低位放顶煤方法开采，工作面设计采高 3.9m，放煤平均高度 11.6m，采放比为 1:2.97。煤层倾角

3°~5°为近水平煤层,数值模型设计为水平模型。

3.3.1.1 模型范围和坐标系

设计煤层走向为模型 x 轴,竖直方向为 y 轴。x 轴方向上采空区侧取45m,实体煤侧取60m;y 轴方向上老顶厚度为12m,直接顶厚度为3.5m,直接底岩层厚度取2m,老底厚度取3m。煤层厚度取15.5m,割煤高度为4.0m,放煤高度为11.5m。计算模型如图3-11所示。

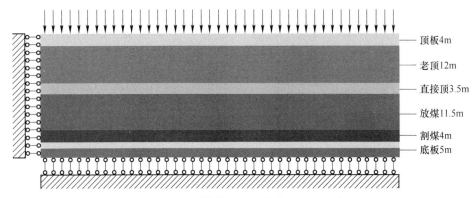

顶板4m
老顶12m
直接顶3.5m
放煤11.5m
割煤4m
底板5m

图3-11 计算模型岩层分布及边界约束

3.3.1.2 结构单元(网格)划分

考虑主要研究对象煤壁,设计老顶块度为6.0m×4.0m,直接顶块度为2.0m×1.75m;采煤机割煤高度为4.0m,块度为0.25m×0.25m;顶煤为11.5m,块度为0.25m×0.25m。围岩本构关系采用摩尔-库仑模型。

3.3.1.3 边界约束条件设定

上部约束边界:上部受顶板压力作用,可简化为均布载荷作用于模型上部,因此,上部约束为应力边界条件;

下部边界约束:下部为煤层底板,x 方向上允许水平移动,固定铰支,y 方向上固支,无垂直位移,即 $v=0$,下部约束为位移边界条件;

左右两侧边界约束:左右两侧边界约束条件较为相似,均为煤层延续或岩层延续,一般简化为位移边界约束条件,即 y 方向可以运动,x 方向固定铰支,$u=0$。

计算模型中煤岩层的力学参数见表3-3。

表3-3 计算模型中煤岩层的力学参数

岩层种类	密度 /kg·m^{-3}	剪切模量 /MPa	体积模量 /MPa	黏结力 /MPa	内摩擦角 /(°)	抗拉强度 /MPa
洗砂岩	2200	710	850	21	38	0.9
粗砂岩	1800	510	610	18	34	0.8
3~5号煤	1300	160	240	8.8	30.73	0.4

3.3.1.4 原岩应力模拟

依据同忻煤矿8107大采高综放面地质条件和岩层赋存条件，设计相应岩层。计算过程中，当计算得到的平均不平衡力为最大不平衡力的1/10000时，认为模型基本达到平衡状态。

位移场及应力场分布图模拟结果如图3-12、图3-13所示。

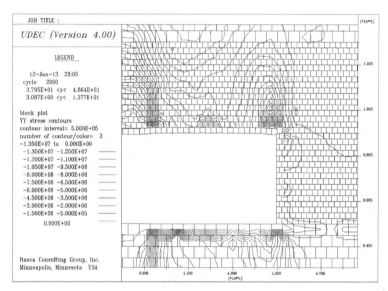

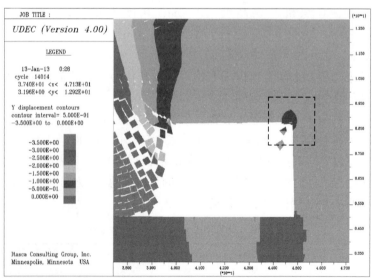

图3-12　y方向应力场、位移场分布图

y方向应力场分布图（图3-12）表明，煤壁上方煤体形成"拱形"应力增高区。而位移场分布图显示"拱形"内部煤体y方向位移值较大，说明8107大采高综放面煤壁形成后，顶煤形成"拱形"结构。y 方向应力场分布图同时表明，煤壁前方一定深度区域垂直应力较为集中。

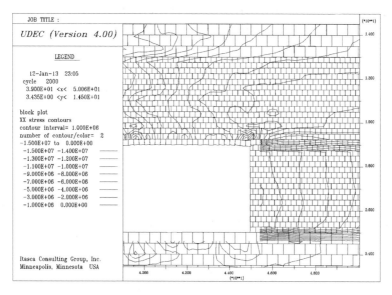

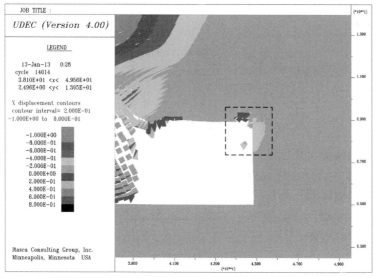

图 3 – 13 x 方向应力场、位移场分布图

x 方向应力场分布图（图 3 – 13）表明，煤壁前方水平应力较小，没有明显应力集中现象，但位移场分布图显示煤壁上部预片帮煤体水平位移值较大且片帮轨迹呈弧形，结合煤壁前方垂直应力分析结果可知，煤壁上部片帮主要形式为垂直应力作用下的剪切弧形破坏。

3.3.2 煤壁弧形滑动失稳起始破裂位置探讨

首先分析煤壁片帮与支架工作阻力之间的关系，建立模型如图 3 – 14 所示，由垂直及水平方向受力平衡得到煤壁弧形滑动迹线上垂直应力表达式：

$$\int_s Fn_z \mathrm{d}s = Q + Q_1 + Q_2 + Q_3 + \int_v \gamma \mathrm{d}v - (P_1 \sin\theta_1 + P_2 \sin\theta_2)$$

由模型及其计算过程可知，支架工作阻力是承担上覆岩层载荷的重要部分，并且其与端面煤体共同承担顶板载荷。因此，防止煤壁片帮的关键是保证支架能够提供足够的工作阻力，但除此以外，煤壁片帮还与护帮阻力、煤体自身力学特性等因素有关，下面进行重点介绍。

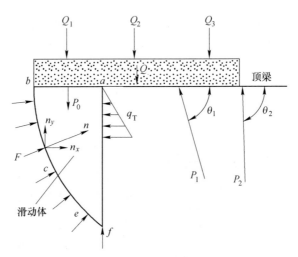

图 3 – 14　支架工作阻力与煤壁片帮关系模型

现场矿压观测及数值模拟结果均表明，顶板冒落和煤壁片帮在破坏形式上具有一定的关联[72]。下文以顶板"冒落拱"模型得出的椭圆形冒落轨迹为切入点，分析煤壁上部整体圆弧滑动片帮起始破裂位置。

顶板"冒落拱"力学模型[73]如图 3 – 15 所示。

顶板冒落轨迹为：

$$\frac{x^2}{\left(\dfrac{T_C}{\sqrt{\lambda q}}\right)^2} + \frac{\left(y - \dfrac{T_C}{\lambda q}\right)^2}{\left(\dfrac{T_C}{\lambda q}\right)^2} = 1 \tag{3-28}$$

图 3 – 15 中，T_C 为拱顶 C 处水平力；λ 为测压系数；T_A、N_A 分别为拱脚 A 处水平作用力和垂直作用力；T_B、N_B 分别为拱脚 B 处水平作用力和垂直作用力；h 为端面煤体冒落拱高（实际冒高）；d 为拱跨（冒宽）；拱脚 A 处坐标为 (a, h)；拱脚 B 处坐标为 $(-b, h)$。

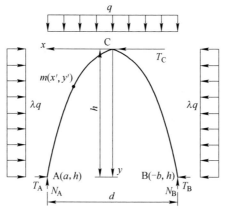

图 3 - 15 顶板"冒落拱"力学模型

"冒落拱"形成后,拱脚 B(- b, h) 对下位预片帮煤体施加垂直压力。考虑 8107 工作面为综采放顶煤工作面,冒落体和片帮体同为 3 ~ 5 号煤体,其物理力学性质相同,力学行为在 B(- b, h) 点具有一定的连续性,因此,B(- b, h) 点为下位预片帮煤体剪切破裂起始点。现场矿压观测结果显示,顶煤冒落轨迹和煤壁片帮轨迹在 B 点光滑过渡,没有拐点,这同样验证了 B 点为下位预片帮煤体剪切破裂起始点。

3.3.3 煤壁弧形滑动失稳力学建模及计算分析

"冒落拱"形成后,下位预片帮煤体上表面受到拱内煤体自重引起的载荷作用,单位宽度表面载荷为:

$$q_i = \left[y - \left(\frac{T_C}{\lambda q} - h \right) \right] \gamma = \left(y - \frac{T_C}{\lambda q} + h \right) \gamma = \frac{T_C \gamma}{\lambda q} \sqrt{1 - \frac{x^2}{\left(\frac{T_C}{\sqrt{\lambda q}} \right)^2}} \quad (3 - 29)$$

式中 γ ——煤体容重。

式 (3 - 29) 表明,预片帮煤体上表面受椭圆形分布载荷的作用。

护帮板保护煤壁常见形成是护帮板下部与煤壁呈线接触,或护帮板下部一部分区域与煤壁形成面接触,本书护帮板载荷按三角形分布载荷计算。

综上分析,预片帮煤体上表面受冒落拱内煤体形成的椭圆形分布载荷作用,左侧受护帮板均布载荷作用,B 点受拱脚垂直压力作用。由于上部载荷已不再是工作面前方应力重新分布后形成的 $K\gamma H$,故将预片帮煤体看做一个沿任一弧形曲面滑动的坡体,对其进行条分,运用严格 Janbu 法求解坡体安全系数相关结论对其进行力学分析。建立煤壁弧形滑动失稳力学模型如图 3 - 16 所示。

考虑高度为 h_i、宽度为 b_i、条底倾角为 α_i 的第 i 个条块进行受力分析,如图 3 - 17 所示。

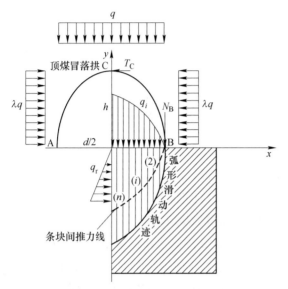

图 3-16 煤壁弧形滑动失稳力学模型　　图 3-17 第 i 条块受力分析

图 3-17 中，E_i 和 E_{i+1} 为条块间法向力，其与底面的垂直距离分别是 z_i 和 z_{i+1}；X_i 和 X_{i+1} 为条块间的剪切力。

根据朱大勇[74]对严格 Janbu 法的改进计算结果，条块间法向力的递推关系为：

$$E_{i+1} = \psi_i E_i + F_s T_i - R_i \tag{3-30}$$

式中　F_s——煤壁弧形片帮安全系数。

$$\psi_i = \frac{(\sin\alpha_i - f_i\cos\alpha_i)\tan\varphi_i' + (\cos\alpha_i + f_i\cos\alpha_i)F_s}{(\sin\alpha_i - f_{i+1}\cos\alpha_i)\tan\varphi_i' + (\cos\alpha_i + f_{i+1}\cos\alpha_i)F_s}$$

$$R_i = \frac{(W_i + Q_i^y + M_i' - M_{i+1}' + t_i - t_{i+1})\cos\alpha_i\tan\varphi_i'}{(\sin\alpha_i - f_{i+1}\cos\alpha_i)\tan\varphi_i' + (\cos\alpha_i + f_{i+1}\cos\alpha_i)F_s} +$$
$$\frac{[-(K_cW_i - Q_i^x)\sin\alpha_i - U_i]\tan\varphi_i' + c_i'b_i\sec\alpha_i}{(\sin\alpha_i - f_{i+1}\cos\alpha_i)\tan\varphi_i' + (\cos\alpha_i + f_{i+1}\cos\alpha_i)F_s}$$

$$T_i = \frac{(W_i + Q_i^y + M_i' - M_{i+1}' + t_i - t_{i+1})\sin\alpha_i + (K_cW_i - Q_i^x)\cos\alpha_i}{(\sin\alpha_i - f_{i+1}\cos\alpha_i)\tan\varphi_i' + (\cos\alpha_i + f_{i+1}\cos\alpha_i)F_s}$$

式中　c_i'，φ_i'，α_i——分别为第 i 条块的内聚力、内摩擦角、底面倾角；

$\qquad f_i$——第 i 条块与相邻块体摩擦系数；

$\qquad Q_i^y$，Q_i^x——分别为条块 i 上部受到的垂直力和水平力。

由条块间法向力的递推公式（3-30），求得最外侧煤壁受力为：

$$E_{n+1} = E_1\prod_{j=1}^{n}\psi_j + F_s\sum_{i=1}^{n}\left(T_i\prod_{j=i+1}^{n-1}\psi_j\right) + F_sT_n - \sum_{i=1}^{n-1}\left(R_i\prod_{j=i+1}^{n}\psi_j\right) - R_n$$

从而煤壁弧形滑动片帮的安全系数为:

$$F_s = \frac{\sum_{i=1}^{n-1}\left(R_i \prod_{j=i+1}^{n}\psi_j\right) + R_n - E_1 \prod_{j=1}^{n}\psi_j + E_{n+1}}{\sum_{i=1}^{n-1}\left(T_i \prod_{j=i+1}^{n}\psi_j\right) + T_n} \qquad (3-31)$$

由于 B 点无水平外力, 即 $E_1 = 0$, 将 $E_{n+1} = F_r$ 代入式 (3-31) 得:

$$F_s = \frac{\sum_{i=1}^{n-1}\left(R_i \prod_{j=i+1}^{n}\psi_j\right) + R_n + F_r}{\sum_{i=1}^{n-1}\left(T_i \prod_{j=i+1}^{n}\psi_j\right) + T_n} \qquad (3-32)$$

为研究问题方便, 定义煤壁弧形滑动轨迹控制参数 α, 表示当 n 趋向于无穷大时, n 个条块条底倾角的平均值。α 越大, 片帮轨迹的平均曲率越大; α 越小, 片帮轨迹的平均曲率越小。

结合公式 (3-32), 研究煤壁弧形滑动片帮安全系数 F_s 与支架护帮阻力 F_r 及片帮轨迹控制参数 α 的变化关系。Matlab 编程计算过程中, 其余参数参照同忻矿相关参数取定值得图 3-18。

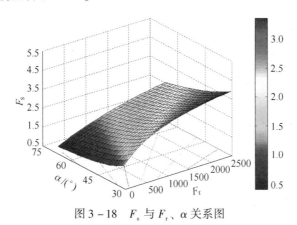

图 3-18 F_s 与 F_r、α 关系图

8107 大采高综放面弧形滑动片帮理论计算相关结论如下:

(1) 护帮阻力 F_r 是防止煤壁弧形滑动片帮的关键控制因素, 且对于同忻煤矿地质生产条件, 其合理值区间为 1000 ~ 2000kN。图 3-18 表明: 煤壁弧形滑动片帮安全系数 F_s 随护帮阻力 F_r 的增大呈现初期急速增加后期缓慢增加的趋势; 当片帮轨迹控制参数 α 在 30° ~ 60° 取值时, F_r 从 0kN 增加到 1000kN, F_s 呈倍数关系增加; F_r 从 1000kN 增加到 2500kN, F_s 增加速度缓慢, 且当 F_r 从 2000kN 继续增大时, F_s 趋于一定值。

(2) 弧形滑动轨迹控制参数合理值区间为 30° ~ 60°。图 3-18 表明, 护帮阻力控制在合理值区间时, α 值越大, 安全系数越低, 但 α 在 30° ~ 60° 变化时, 安全系数可达 2.5 ~ 3.5。图 3 - 19 给出了不同 α 值对应的片帮轨迹近似曲线，从同一起始破裂位置 B 开始，α 值越大，片帮轨迹平均曲率越大，煤壁弧形滑动片帮安全系数越小，发生片帮可能性越大。

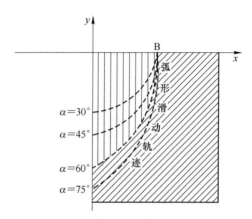

图 3 - 19　不同 α 值对应弧形滑动轨迹变化情况

（3）护帮阻力可改变煤壁片帮轨迹，其最大值需控制在一定范围内。护帮阻力过大会引起煤壁片帮轨迹平均曲率增加，反而导致煤壁安全系数降低。

（4）煤壁弧形滑动片帮安全系数与煤体自身力学参数（c、φ、f）及顶煤"冒落拱"参数（冒宽 d、冒落轨迹方程）有关。因为式（3 - 30）中 T_i 和 R_i 均为关于 c_i、φ_i、f_i、Q_i^y 的函数，Q_i^y 受冒落轨迹限制：

$$Q_i^y = q_i d_i = \left[y - \left(\frac{T_C}{\lambda q} - h \right) \right] \gamma d_i = \left(y - \frac{T_C}{\lambda q} + h \right) \gamma d_i = \frac{T_C \gamma d_i}{\lambda q} \sqrt{1 - \frac{x^2}{\left(\frac{T_C}{\sqrt{\lambda q}} \right)^2}}$$

大采高煤壁弧形滑动片帮防治的三条思路：一是提高支架支护可靠性，如对支架进行故障检测，改善支架支护性能，提高支架护帮阻力及工作阻力[75]，控制顶煤拱式冒顶和煤壁的弧形滑动片帮；二是改善煤体自身力学特性，如煤层注水、煤壁打一定密度的木锚杆等，提高煤层抗剪强度和黏聚力，降低煤层抗压强度，减缓煤壁压力，从而保持煤壁稳定性；三是不断提高综放面回采管理水平，如采用合理的移架方式，减小空顶距，防止顶煤大范围拱式冒顶。

3.4　含软弱夹矸煤层大采高综放面煤壁片帮机理研究

3.4.1　含软弱夹矸煤层煤壁片帮主要形式

煤矿现场，煤层含夹矸的情况比较普遍。夹矸的存在不仅影响煤炭自身的品质，而且影响煤体整体力学性质。对于大采高综放开采工作面，煤壁中夹矸的存在对煤壁片帮规律的影响较为明显，主要表现在：

（1）坚硬夹矸。坚硬夹矸自身力学性质较好，在顶板压力作用下表现为夹矸下位煤体的剪切破坏，而夹矸自身一般不随下位煤体发生片帮现象。

（2）软弱夹矸。煤矿现场多遇到含软弱夹矸煤壁，在顶板压力作用下，软弱夹矸表现为夹矸自身首先失稳或软弱夹矸与下位煤壁同步失稳。软弱夹矸对煤壁片帮的发生具有诱导作用，严重影响煤壁的稳定性，对此本书将进行重点研究。

夹矸对煤壁片帮迹线的影响如图 3 - 20 所示。

图 3 - 20 夹矸对煤壁片帮迹线的影响

由软弱夹矸引起的煤壁片帮现象在煤矿现场较为常见，本书将结合层状岩体两种介质煤壁稳定模型对软弱夹矸引起的煤壁片帮现象进行重点分析。

3.4.2 含软弱夹矸煤层煤壁片帮力学建模与计算

片帮煤岩体一般为非均质煤岩体，其非均质性主要由夹矸厚度、夹矸位置及夹矸岩性决定。由于片帮煤岩体具有非均质性，其片帮迹线上不同位置处剪切应力不可能同时达到峰值，对于剪切强度较小的介质，在顶板高应力作用下首先发生剪切破坏。

建立含软弱夹矸煤壁片帮力学模型如图 3 - 21 所示，该模型考虑了预片帮煤体的非均质性，并将预片帮夹矸分为弹性区段和应变软化区段。

含软弱夹层煤壁片帮所研究的主要对象是软弱夹层，如图 3 - 21 所示，根据煤壁前方塑性区范围计算相关结果，将软弱夹层分为弹性区段和应变弱化区段。应变弱化区段由于煤壁处于塑性区或者破坏区，岩体破碎出现应变弱化现象。首先建立不同区域夹矸岩体的本构方程。

弹性区软弱夹层的本构关系为：

$$\begin{cases} \tau_1 = G_1 \dfrac{v}{h}(v \leqslant v_1) \\ \tau_1 = \tau_m (v > v_1) \end{cases} \qquad (3-33)$$

式中　τ_1——弹性区段软弱夹矸的剪应力；

　　　G_1——弹性区段软弱夹矸的弹性模量；

　　　v_1——弹性区段软弱夹矸剪应力峰值点处对应的位移；

　　　τ_m——弹性区段软弱夹矸的残余抗剪强度。

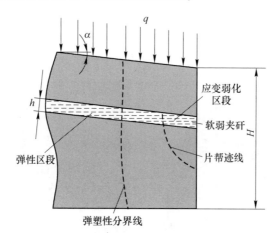

图 3-21　含软弱夹矸煤壁片帮力学模型

应变弱化区段软弱夹矸的本构关系为：

$$\tau_2 = G_2 \frac{v}{h} e^{-\frac{v}{v_2}} \tag{3-34}$$

式中　τ_2——应变弱化区段软弱夹矸的剪应力；

　　　G_2——应变弱化区段软弱夹矸的弹性模量；

　　　v_2——应变弱化区段软弱夹矸剪应力峰值点处对应的位移。

软弱夹矸应变弱化主要是由于顶板岩体的压应力引起的，为了衡量顶板压力对软弱夹矸的弱化程度，参考文献 [76] 研究地震突变失稳过程引入顶板压力致夹矸强度弱化函数：

$$f(\kappa) = (1 - \eta)\kappa^2 + \eta \tag{3-35}$$

式中　η——软弱夹矸弱化系数；

　　　κ——原岩应力与顶板应力的比值，$0 \leqslant \kappa \leqslant 1$。

顶板压力趋向于无穷大时，即 $\kappa = 0$ 时，$f(0) = \eta < 1$，顶板压力引起夹矸的明显弱化；当顶板压力等于原岩应力时，即 $\kappa = 1$ 时，$f(1) = 1$，顶板压力对夹矸弱化没有影响。$f(\kappa)$ 能真实反映顶板压力对软弱夹矸弱化程度的影响。

根据式（3-35），将式（3-34）应变弱化区段夹矸本构方程转变为：

$$\tau_2 = f(\kappa) G_2 \frac{v}{h} e^{-\frac{v}{v_2}} \tag{3-36}$$

综上分析，得到预片帮软弱夹矸系统总势能函数为[77,78]：

$$V(v) = \int_0^v \left(s_1 \frac{G_1 v}{h} + f(\kappa) s_2 \frac{G_2 v}{h} e^{-\frac{v}{v_2}} \right) dv - q\left[(s_1 + s_2) \cos\alpha \right] v \sin\alpha \qquad (3-37)$$

式中 s_1，s_2——分别为发生蠕滑的弹性区长度和应变弱化区长度。

根据式（3-37）得尖点突变模型平衡曲面方程为：

$$V'(v) = s_1 \frac{G_1 v}{h} + f(\kappa) s_2 \frac{G_2 v}{h} e^{-\frac{v}{v_2}} - q\left[(s_1 + s_2) \cos\alpha \right] \sin\alpha = 0 \qquad (3-38)$$

对公式（3-34），令 $\dfrac{d\tau^2}{dv^2} = 0$，可得剪应力与变形曲线的拐点为 $v = 2v_2$，则将

式（3-38）在 $v = 2v_2$ 处作 Taylor 展开并截取至第三项得：

$$\frac{2f(\kappa) s_2 G_2 v_0 e^{-2}}{3h} \left\{ \left(\frac{v-v_0}{v_0} \right)^3 + \frac{3}{2} \left(\frac{s_1 G_1 e^2}{f(\kappa) s_2 G_2} - 1 \right) \left(\frac{v-v_0}{v_0} \right) + \right.$$

$$\left. \frac{3}{2} \left[1 + \frac{s_1 G_1 e^2}{f(\kappa) s_2 G_2} - \frac{q((s_1 + s_2)\cos\alpha) h e^2 \sin\alpha}{f(\kappa) s_2 G_2 v_0} \right] \right\} = 0$$

变为尖点突变模型平衡曲面标准形式：

$$V'(v) = x^3 + cx + d = 0 \qquad (3-39)$$

需满足：

$$\begin{cases} x = \dfrac{v - v_0}{v_0} \\[2mm] c = \dfrac{3}{2} \left[\dfrac{k}{f(\kappa)} - 1 \right] \\[2mm] d = \dfrac{3}{2} \left[1 + \dfrac{k}{f(\kappa)} - \dfrac{\psi}{f(\kappa)} \right] \end{cases} \qquad (3-40)$$

其中：

$$k = \frac{s_1 G_1 e^2}{s_2 G_2}$$

$$\psi = \frac{q\left[(s_1 + s_2)\cos\alpha \right] h e^2 \sin\alpha}{s_2 G_2 v_0}$$

尖点突变模型分叉点集控制方程为：

$$\Delta = 4c^3 + 27d^2 = 0 \qquad (3-41)$$

将 c、d 值代入式（3-41）得：

$$2\left[\frac{k}{f(\kappa)} - 1 \right]^3 + 9\left[1 + \frac{k}{f(\kappa)} - \frac{\psi}{f(\kappa)} \right]^2 = 0 \qquad (3-42)$$

式（3-42）即为含软弱夹矸煤层夹矸首先发生失稳的力学条件判据。根据此力学条件判据可以对不同条件下含软弱夹矸的煤壁是否发生片帮进行定量分析。

3.4.3 基于控制平面分区的含软弱夹矸煤壁失稳条件分析

将平衡曲面方程式（3－38）投影到控制平面上，根据分叉点集曲线形状及位置将控制平面分为六个分区，并给出不同分区相应的势函数曲线和系统所处状态（小黑点位置），如图3－22所示。

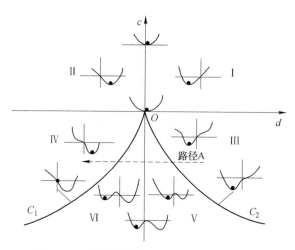

图3－22 控制平面分区及其对应的势能函数

（1）在区域 I 、II 、III 、IV 对应范围内，分叉集表达式为：

$$\Delta = 4c^3 + 27d^2 > 0$$

从而，尖点突变模型平衡曲面标准形式：

$$V'(v) = x^3 + cx + d = 0$$

只有一个实根，对应各分区势函数只有一个极小值，系统处于稳定状态，软弱夹层不会首先发生失稳，从而使煤壁保持稳定。

（2）在区域 V 、VI 对应范围内，分叉集表达式为：

$$\Delta = 4c^3 + 27d^2 < 0$$

从而，尖点突变模型平衡曲面标准形式：

$$V'(v) = x^3 + cx + d = 0$$

有三个实根，其中两个极小值，一个极大值。势能函数存在两个极小值根，系统状态从一个极小值状态过渡到另一个极小值状态时，系统将发生失稳。因此，含软弱夹矸煤体将发生片帮。

（3）在 C_1 、C_2 分叉集上，当 c、d 不为 0，即 O 点以外曲线上，有：

$$\Delta = 4c^3 + 27d^2 = 0$$

系统处于临界状态，任何微小的扰动都将导致系统的失稳。

（4）在 O 点，有：

$$\Delta = 4c^3 + 27d^2 = 0; c = 0; d = 0$$

尖点突变模型平衡曲面标准形式:

$$V'(v) = x^3 + cx + d = 0$$

有三个相等的实根, 对应势函数只有一个最小值, 系统状态穿越 O 点时, 虽然发生了状态跳跃, 但由于跳跃前后两状态相同, 系统保持稳定。

上述分析表明, 判断煤壁稳定性关键指标是分叉集表达式的具体值, 即系统变化时是否通过分叉集, 分叉集上的点是系统产生失稳的点, 外部环境的扰动促使系统状态穿越分叉集, 从而使系统产生突变或者突然跳跃, 导致系统失稳。

3.5　本章小结

本章综合现场调研、不同硬度煤体三轴压缩试验、数值模拟、理论研究等方法, 阐述了不同硬度煤壁片帮迹线的基本类型, 进而采用不同计算方法逐一探析了坚硬煤层、软弱煤层及含软弱夹矸煤层发生片帮的机理。

(1) 根据煤样三轴压缩试验屈服极限后应力 – 应变曲线变化特征及现场调研, 结合煤壁不同片帮迹线外力条件和煤岩体性质, 总结得到大采高综放面不同硬度煤壁片帮主要类型: 坚硬煤壁片帮主要类型为中部拉裂式片帮和上部斜直线型; 软弱煤层片帮主要类型为上部弧形滑动片帮; 夹矸改变煤质均匀性, 含坚硬夹矸煤层片帮主要类型是夹矸下煤体台阶型片帮, 含软弱夹矸煤层片帮主要类型是软弱夹矸与预片帮煤体的同步失稳。

(2) 采用压杆理论得到坚硬煤层大采高综放面煤壁中部"凹槽型"片帮挠度表达式为:

$$\omega = \frac{M_0}{F_r}\left[1.02\sin4.49\left(1 - \frac{x}{H}\right) + \left(1 - \frac{x}{H}\right)\right]$$

挠度最大值点, 即煤壁片帮危险系数最大值点位于 0.65 倍采高处。

建立坚硬煤层大采高综放面煤壁上部斜直线型片帮尖点突变模型, 得到煤壁发生片帮的力学条件判据为:

$$\frac{H}{\pi}\left(\frac{H}{3EI}\right)^{\frac{1}{2}}\left(\frac{EI\pi^2}{4H^2} - F_r\right) \leqslant 0$$

煤壁是否发生片帮主要取决于工作面机采高度和顶板压力; 顶板压力 F_r 越大, 煤壁发生片帮的可能性越大; 采高越大, 煤壁发生片帮的可能性越大。

(3) 建立软弱煤层弧形滑动失稳力学模型, 分析煤壁片帮起始破裂点位置及顶煤冒漏对煤壁片帮的影响, 计算得出煤壁片帮安全系数表达式为:

$$F_s = \frac{\sum_{i=1}^{n-1}\left(R_i\prod_{j=i+1}^{n}\psi_j\right) + R_n + F_r}{\sum_{i=1}^{n-1}\left(T_i\prod_{j=i+1}^{n}\psi_j\right) + T_n}$$

结合同忻 8107 大采高综放面具体条件，得到煤壁片帮关键控制指标为：护帮阻力 F_r，控制区间 1000 ~ 2000kN；弧形滑动轨迹控制参数 α，合理值区间 30° ~ 60°；煤体力学参数及顶煤"冒落拱"相关参数。

（4）夹矸强度弱化主要由顶板岩体压应力引起，为衡量顶板压力对夹矸的弱化程度，引入顶板压力导致夹矸强度弱化函数：

$$f(\kappa) = (1 - \eta)\kappa^2 + \eta$$

基于夹矸强度弱化原理，建立含软弱夹矸煤壁片帮力学模型，得到软弱夹矸失稳条件判据为：

$$2\left[\frac{k}{f(\kappa)} - 1\right]^3 + 9\left[1 + \frac{k}{f(\kappa)} - \frac{\psi}{f(\kappa)}\right]^2 = 0$$

4 8107 大采高综放面煤壁片帮关键影响因素综合确定

本章综合理论计算、数值模拟及回归分析，确定大采高综放面煤壁片帮关键影响因素及其合理值范围。首先，将煤壁片帮影响因素分为支架类、回采工艺类和煤岩类，通过各影响因素三角模糊重要度判定其对煤壁片帮事件的影响程度；其次，运用数值模拟分析方法，计算支架工作阻力、端面距及前立柱走向倾角合理取值范围；最后，通过煤壁片帮深度与支架液压、端面距、顶梁台阶及顶梁俯仰角的回归分析，探析煤壁片帮与其关键影响因素之间的互馈关系。

4.1 基于三角模糊算法煤壁片帮关键影响因素计算分析

把诱发煤壁片帮的因素定义为多个片帮基本事件，通过基本事件发生概率计算，评价诸多因素在诱发煤壁片帮过程中的贡献，进而找出煤壁片帮关键影响因素。

4.1.1 片帮基本事件分类及其三角模糊概率计算

4.1.1.1 诱发片帮的基本事件分类及支架—围岩故障树分析原理

煤壁片帮关键影响因素从现场实测来看主要分为三类：一是支架类，二是回采工艺类，三是煤岩性质类。其中支架类因素主要包括支架液压系统可靠性、支架构件强度可靠性；回采工艺类因素主要包括工作面推进速度、采煤机割煤高度等；煤岩类因素主要包括煤岩基本力学参数、煤岩节理裂隙发育情况。其中，支架类和回采工艺类属于有精确概率统计的基本事件，而煤岩类属于无精确概率的基本事件。三类影响因素诱发煤壁片帮基本事件见表 4-1~表 4-3。

表 4-1 支架类诱发煤壁片帮基本事件

类 别	编码代号	基本事件
支架类 诱发煤壁片帮 基本事件	A_1	检修不及时
	A_2	支架构件损坏
	A_3	支柱升降故障
	A_4	千斤顶伸缩故障

类　别	编码代号	基本事件
支架类 诱发煤壁片帮 基本事件	A_5	安全阀故障
	A_6	操纵阀故障
	A_7	单向阀故障
	A_8	液压测量仪故障
	A_9	管路及其他元件故障

表 4 – 2　回采工艺类诱发煤壁片帮基本事件

类　别	编码代号	基本事件
回采工艺类 诱发煤壁片帮 基本事件	B_1	采高超限
	B_2	支护不及时
	B_3	顶梁台阶过大
	B_4	护帮不及时
	B_5	初撑力不足
	B_6	支架前梁不接顶
	B_7	立柱液压值偏低
	B_8	端面距过大
	B_9	支架倾倒歪扭
	B_{10}	顶梁俯仰异常

表 4 – 3　煤岩类诱发煤壁片帮基本事件

类　别	编码代号	基本事件
煤岩类 诱发煤壁片帮 基本事件	C_1	推进速度慢
	C_2	冒落机理不明
	C_3	裂隙发育
	C_4	顶煤破碎
	C_5	底板松软
	C_6	夹矸较多
	C_7	老顶来压
	C_8	采空区影响

　　故障树分析（Fault Tree Analysis）简称 FTA，是安全系统工程中非常重要的分析方法。它是在生产系统中，通过对可能造成系统故障的各种因素进行分析，根据各种因素之间的因果及逻辑关系绘制出故障树，通过定性和定量分析，确定系统故障原因的各种组合形式及其发生概率，从而找出故障发生的主要原因，进而制定具有针对性的防治措施，以达到有效预防故障发生的目的。

　　故障树分析是从结果到原因找出与灾害故障有关的各种因素之间因果关系和

逻辑关系的作图分析法。这种方法是把系统可能发生的故障放在图的最上面，称为顶上事件，按系统构成要素之间的关系，分析与灾害故障有关的原因。这些原因，可能是其他一些原因的结果，称为中间原因事件（或中间事件）。继续往下分析，直到找出不能进一步往下分析的原因为止，这些原因称为基本原因事件（或基本事件）。图中各因果关系用不同的逻辑门连接起来，这样得到的图形像一棵倒置的树。

A 事件符号及意义

故障树采用的符号包括事件符号、逻辑门符号，其中事件符号如表4-4所示。

表4-4 故障树事件及其符号

序号	名称	符号	序号	名称	符号
1	结果事件	▭	4	开关事件	⌂
2	底事件	○	5	引入事件	△
3	省略事件	◇	6	引出事件	▽

（1）结果事件：结果事件是其他事件或者事件组合所导致的事件，它总是位于某个逻辑门的输出端，用矩形符号表示。结果事件分为顶事件和中间事件。

（2）底事件：底事件是导致其他事件的原因事件，位于故障树的底部，它是逻辑门的输入事件而不是输出事件，用圆形符号来表示。

（3）省略事件：表示没有必要进一步向下分析或者其原因不明确的原因事件，另外，省略事件还表示二次事件，即不是本系统的原因事件，而是来自系统之外的原因事件，用菱形符号表示。

（4）开关事件：开关事件又叫正常事件，它是在正常工作条件下必然发生或者必然不发生的事件，用房形符号表示。

（5）引入事件：位于故障树底部，表示树的以下部分分支在另外地方，用正三角形符号表示。

（6）引出事件：位于故障树顶部，表示本树是另外部分绘制的一棵故障树的子树，用倒三角形符号表示。

B 逻辑门符号及意义

故障树中事件之间的逻辑关系是由逻辑门表示的，它们与事件一同构成了故障树。故障树中常用的逻辑门是逻辑"与门"和逻辑"或门"，其他逻辑门在某种程度上都可以简化为逻辑"与门"和逻辑"或门"。故障树中常用的逻辑门及其符号如表 4 - 5 所示。

表 4 - 5　故障树逻辑门及符号表

序号	名称	符号	序号	名称	符号
1	与门		5	禁门	
2	或门		6	排斥或门（异或门）	
3	条件与门		7	顺序有限与门	
4	条件或门		8	组合有限与门	

与门：表示仅当所有输入事件 E_1、E_2、…、E_n 都发生时，输出事件才发生。

或门：表示至少有一个输入事件 E_1、E_2、…、E_n 发生时，输出事件才发生。

条件与门：表示输入事件 E_1、E_2、…、E_n 不仅要同时发生，而且还必须满足条件事件才会有输出事件的发生。

条件或门：表示输入事件 E_1、E_2、…、E_n 至少有一个事件发生，在满足条件事件的情况下，输出事件才会发生。

禁门：表示仅当条件发生时，输入事件的发生方可导致输出事件的发生。

排斥或门（异或门）：表示当且仅当输入事件中的任一事件发生，其他都不发生时，才有输出事件（异门）发生。

顺序有限与门：表示 E_1、E_2 都发生，且满足 E_1 发生于 E_2 之前，则输出事件发生。

组合有限与门：表示在三个以上输入事件的与门事件中，任意两个同时发生，输出事件才会发生。

C 最小割集与最小径集的概念

故障树顶事件发生与否是由构成故障树的各种基本事件的状态决定的。很显然，所有基本事件都发生的话，顶事件肯定发生。然而，在大多数情况下，并不是所有的基本事件都发生时顶事件才发生，而只要某些基本事件发生就可以导致顶事件发生。在故障树中，我们把引起顶事件发生的基本事件的集合称为割集。一个故障树中的割集一般不止一个，在这些割集中，凡是不包括其他割集的，叫做最小割集。换言之，如果割集中任意去掉一个基本事件后就不是割集，那么这样的割集就是最小割集。所以最小割集是引起顶事件发生的充分必要条件。

在故障树中，当所有的时间都不发生时，顶事件肯定不会发生。然而顶事件不发生常常并不要求所有基本事件都不发生，而只要某些基本事件不发生顶事件就不发生。这些不发生的基本事件的集合称为径集。在同一故障树中，不包含其他径集的径集为最小径集。如果径集中任意去掉一个基本事件后就不再是径集，那么该径集就是最小径集。所以，最小径集是保证顶事件不发生的充分必要条件。

D 最小割集在 FTA 中的作用

（1）表示系统的危险性。最小割集的定义明确指出，每一个最小割集都表示顶事件发生的一种可能性，故障树中有几个最小割集，顶事件发生就有几种可能性。从这个意义上讲，最小割集越多，说明系统的危险性越大。

（2）表示顶事件发生的原因组合。故障树顶事件发生，必然是某个最小割集中基本事件同时发生的结果。一旦发生故障，就可以方便地知道所有可能发生的故障的途径，并可以逐步排除非本次故障的最小割集，而较快地查出本次故障的最小割集，这就是导致本次故障的基本事件的组合。显而易见，掌握了最小割集，对于掌握故障的发生规律，调查故障发生的原因有很大的帮助。

（3）为降低系统的危险性提出控制方向和预防措施。每个最小割集都代表一种故障模式。由故障树的最小割集可以直观地判断哪种故障模式最危险，哪种次之，哪种可以忽略，以及如何采取措施使故障发生的概率下降。若某故障树有三个最小割集，如果不考虑每个基本事件发生的概率，或者假定各基本事件发生的概率相同，则只含一个基本事件的最小割集比含有两个基本事件的最小割集容易发生；含有两个基本事件的最小割集比含有五个基本事件的最小割集容易发生。依此类推，少事件的最小割集比多事件的最小割集容易发生。由于单个事件的最小割集只要一个基本事件发生，顶事件就会发生；两个事件的最小割集必须两个基本事件同时发生，才能引起顶事件的发生。这样两个基本事件组成的最小割集发生的概率比一个基本事件组成的最小割集发生的概率要小得多；而五个基本事件的最小割集发生的可能性相比之下可以忽略。由此可见，为了降低系统的危险性，对含基本事件少的最小割集应优先考虑采取安全措施。

（4）利用最小割集可以判定故障树中基本事件的结构重要度和方便计算顶事件发生的概率。

E 最小径集在 FTA 中的作用

最小径集在故障树分析中的作用和最小割集同样重要，主要表现在下面三方面：

（1）表示系统的安全性。最小径集表明，一个最小径集中所包含的基本事件都不发生，就可以防止顶事件的发生。可见，每一个最小径集都是保证故障树顶事件不发生的条件，是采取预防措施，防止发生故障的一种途径。从这个意义上来说，最小径集表示了系统的安全性。

（2）选取确保系统安全的最佳方案。每一个最小径集都是防止顶事件发生的一个方案，可以根据最小径集中所包含基本事件个数的多少、技术上的难易程度、耗费的时间以及投入的资金数量，来选择最经济、最有效控制故障的方案。

（3）利用最小径集同样可以判定故障树中基本事件的结构重要度和计算顶事件发生的概率。在故障树分析中，根据具体情况，有时应用最小径集更方便。就某个系统来说，如果故障树中与门多，则其最小割集的数量就少，定性分析最好从最小割集入手。反之，如果故障树中或门多，则其最小径集的数量就少，此时定性分析最好从最小径集入手，从而得到更为经济有效的结果。

F 最小割集的求取方法

简单的故障树，可以直接观察出它的最小割集。但是对一般的故障树来说，就不易做到了，对于大型复杂的故障树来说，那就更难了。这时，就需要借助于某些算法，并需要应用到计算机进行计算。求最小割集的常用方法有布尔代数法、行列法、矩阵法等。而在实际应用中，布尔代数法的应用是最为广泛和实用的。任何一个故障树都可以用布尔代数来描述，化简布尔函数，并最简析取标准式中每个最小项所属变元构成的集合，便是最小割集。若最简析取标准式中含有 m 个最小项，则该故障树有 m 个最小割集。

根据布尔代数的性质，可把任何布尔函数化为析取和合取两者标准形式。

析取标准形式为：

$$f = A_1 + A_2 + \cdots + A_n = \sum_{i=1}^{n} A_i \qquad (4-1)$$

合取标准形式为：

$$f = B_1 \times B_2 \times \cdots \times B_n = \prod_{i=1}^{n} B_i \qquad (4-2)$$

可以证明，A_i 和 B_i 分别是故障树的割集和径集，如果定义析取标准式的布尔项之和 A_i 中各项之间不存在包含关系，即其中任意一项基本事件布尔积不被其他基本事件布尔积所包含，则该析取标准式为最简析取标准式，那么 A_i 为结构函数 f 的最小割集。同理，可以直接利用最简合取标准式求取故障树的最小径集。

用布尔代数法计算最小割集，通常分为以下三个步骤进行：

第一，建立故障树的布尔表达式。一般从故障树的顶事件开始，用下一层事件代替上一层事件，直至顶事件被所有的基本事件所表示为止。

第二，将布尔表达式化为析取表达式。

第三，化析取标准式为最简析取式。化简最简单的方法是，当求出割集后，对所有割集逐个进行比较，使之满足最简析取标准式的条件。

G　最小径集的求取方法

（1）对偶树法：根据对偶原理，成功树顶事件发生，就是其对偶树顶事件不发生。因此，求故障树最小径集的方法是，首先将故障树变换成其对偶的成功树，然后求出成功树的最小割集，即是所求故障树的最小径集。将故障树变为成功树的方法是，将原故障树中的逻辑或门改成逻辑与门，将逻辑与门改成逻辑或门，并将全部事件符号加上"，"变成事件补的形式，这样便可以得到与原来故障树对偶的成功树。

（2）布尔代数法：将故障树的布尔代数化简成最简合取标准式，式中最大项便是最小径集。若最简合取标准式中含有 m 个最大项，则该故障树有 m 个最小径集。该方法的计算与计算最小割集的方法类似。

（3）行列法：用行列法计算故障树的最小径集，与计算故障树最小割集的方法类似，其方法仍是从顶上事件开始，按顺序用逻辑门的输入事件代替其输出事件。代换过程中凡是与门连接的输入事件，按列排列；用或门连接的输入事件，按行排列，直至顶上事件全部为基本事件代替为止。最后得到的每一行的基本元素的集合，都是故障树的径集。根据最小径集的定义，将径集化为不包含其他径集的集合，即可得到最小径集。

H　FTA 的分析程序

故障树分析一般的程序步骤为：

（1）确定顶上事件。所谓顶上事件，即人们所不期望发生的事件，也是所要分析的对象事件。顶上事件的确定可依据所需分析的目的直接确定或在调查故障的基础上提出。两者均应调查和整理过去的故障，以获得资料。除此，也可事先进行事件树分析（FTA）或故障类型和影响分析，从中确定顶上事件。

（2）理解系统。要确实了解掌握被分析系统的情况，如工作系统的工作程序、各种重要参数、作业情况及环境状况等。必要时，画出工艺流程图和布置图。

（3）调查故障、分析原因。应尽量广泛地了解所有故障，不仅要包括过去已发生的故障，而且也要包括未来可能发生的故障；不仅包括本系统发生的故障，也包括同类系统发生的故障。查明能造成故障的各种原因，包括机械故障、设备损坏、操作失误、管理和指挥错误、环境不良因素等。

（4）构造故障树。首先广泛分析造成顶上事件起因的中间事件及基本事件间的关系，并加以整理，而后从顶上事件起，按照演绎分析的方法，一级级地把所有直接原因事件，按其逻辑关系，用逻辑给予连接，构成故障树。

（5）定性分析。依据所构造出的故障树图，列出布尔表达式，经计算，求出最小割集、最小径集（根据成功树），确定出各基本事件的结构重要度。

（6）定量分析。根据各基本事件的发生概率求出顶上事件的发生概率。把求出的概率与通过统计分析得出的概率进行比较，如果两者不符，必须重新分析研究已构造出的故障树是否正确完整，各基本原因事件的故障率是否估计过高或过低等。在求解出顶上事件概率的基础上，进一步求出各基本事件的概率重要系数和临界重要系数。在分析时，若故障发生概率超过预定概率目标时，要研究降低故障发生概率的所有可能，从中选出最佳方案，或者寻找消除故障的最佳方案。进而通过各重要度分析，选择治理故障的突破口，或按重要度系统值排列的大小，编制不同类型的安全检查表，以加强人为控制。

（7）制定预防故障措施。在定性或定量分析的基础上，根据各可能导致故障发生的基本事件组合（最小割集或最小径集）的可预防的难易程度和重要度，结合实际能力，订出具体、切实可行的预防措施，并付诸实行。

I FTA 支架—围岩故障分析应用中的优点

（1）故障树分析是一种图形演绎法，在支架—围岩故障的分析当中，它可以围绕所要分析的对象，对支架—围岩系统做层层深入的分析，能把导致支架—围岩故障发生的各种潜在的因素和各因素之间的关系清晰、详细地用树形图表示出来。

（2）它能分析出导致支架—围岩故障发生的隐患以及隐患组合，为提出减少和预防支架—围岩故障发生的措施提供依据，并能根据导致支架—围岩故障发生的原因组合，找出最优先考虑的安全措施方案，结合消防措施成本和效益两方面综合考虑，制定经济合理的支架—围岩故障防治对策，对消防安全管理有很好的使用价值。

（3）它可以根据分析出来的支架—围岩故障模型以及导致支架—围岩故障因素的概率数据，定量地计算出故障发生的概率大小，为改善系统提供了一个很好的依据。

（4）能使井下技术人员全面系统地了解和掌握系统各危险源的情况，为今后预防控制支架—围岩故障起到了很好的指导作用。

J FTA 支架—围岩故障分析应用中的缺点

（1）在支架—围岩故障实际分析中，用故障树分析故障发生的概率是在各基本事件的概率已知的情况下，根据逻辑门的公式计算出来的。由于支架—围岩故障危险因素的概率难于收集和记录，导致有关这方面的统计数据缺少，定量分析受到限制，这时单靠故障树分析是难以解决的。

（2）故障树方法分析出来的支架—围岩故障发生概率似乎为一个很精确的数值，一个带有确定性的结论。而在实际中，支架—围岩故障发生是相当复杂的，受到某些因素的影响会在某个可能性范围内上下波动，还有那些有统计的基本事件概率也不是固定不变的，往往也会受多种因素如人为因素、环境因素等的影响，在某种程度上也会上下浮动，而用故障树分析就没有体现出来它们可能性波动的范围。

（3）故障树分析只考虑0和1这两种状态，而在支架—围岩故障中还存在局部正常、局部故障的状态，也就是常常会遇到一些不确定的、模糊的因素，故障树无法针对客观实际当中广泛存在的模糊性问题进行研究分析，使得实际应用的范围和精确程度受到很大限制，这是故障树不容忽视的弱点。

4.1.1.2 三角模糊数表示方法与计算规则[79~85]

传统故障树分析法要求基本事件的概率是精确的，在支架—围岩故障分析中，一部分基本事件（如周期来压影响、采高超限、顶梁不接顶等）可以根据统计资料来确定，但是有些基本事件（如煤层倾角大、底板松软、构造影响等）的概念是不确定、模糊的，无法采用数学模型或公式对其进行计算，所以这些基本事件的概率很难确定，这是传统故障树分析法的弱点。为了解决概率理论难以解决的问题，在传统故障树分析中引入了模糊数学的理论，把这些基本事件的概率看作是模糊数，就可以尽可能准确地描述基本事件发生的可能性。常用的模糊数有三角模糊数、正态模糊数、梯形模糊数等，鉴于三角模糊数具有能解决模糊性问题、意义明确等优点，本书选用三角模糊数表示各个基本事件的模糊概率。

三角模糊数的隶属函数对应的线性变换为：

$$\tilde{\mu}_A(x) = \begin{cases} (x-l)/(m-l) & x \in [l,m] \\ (u-x)/(u-m) & x \in [m,u] \\ 0 & x \notin [l,u] \end{cases} \tag{4-3}$$

式中　m——$\tilde{\mu}_A(x)$ 的核；

　　$u \rightarrow l$——$\tilde{\mu}_A(x)$ 的盲度。

三角模糊数表示为：

$$\tilde{A} = (l,m,u) \tag{4-4}$$

其中：

$$l < m < u, \tilde{\mu}_A(m) = 1$$

其对应的图示如图4-1所示。

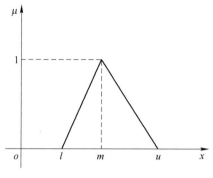

图4-1 三角模糊数

三角模糊数运算主要包括三种法则，若 $\tilde{m}_1$ 和 $\tilde{m}_2$ 分别由 (l_1, m_1, u_1) 和 (l_2, m_2, u_2) 表示，则运算法则为：

(1) "$\oplus$" 运算：

$$\tilde{m}_1 \oplus \tilde{m}_2 = (l_1, m_1, u_1) \oplus (l_2, m_2, u_2) = (l_1 + l_2, m_1 + m_2, u_1 + u_2) \quad (4-5)$$

(2) "$\odot$" 运算：

$$\tilde{m}_1 \odot \tilde{m}_2 = (l_1, m_1, u_1) \odot (l_2, m_2, u_2) = (l_1 - l_2, m_1 - m_2, u_1 - u_2) \quad (4-6)$$

(3) "$\otimes$" 运算：

$$\tilde{m}_1 \otimes \tilde{m}_2 = (l_1, m_1, u_1) \otimes (l_2, m_2, u_2) = (l_1 l_2, m_1 m_2, u_1 u_2) \quad (4-7)$$

$$C \otimes \tilde{m}_1 = (Cl_1, Cm_1, Cu_1) \quad (C \text{ 为常数}) \quad (4-8)$$

故障树一般主要由两个逻辑门进行连接，即 "与" 门和 "或" 门，它们表示了上下两层事件的逻辑关系。下面给出了传统故障树方法中， "与" 门和 "或" 门的算子公式。

传统故障树的逻辑 "与" 门算子公式：

$$q_{\text{AND}} = q_1 \times q_2 \times q_3 \times \cdots \times q_n = \prod_{i=1}^{n} q_i \quad (4-9)$$

传统故障树的逻辑 "或" 门算子公式：

$$q_{\text{OR}} = 1 - (1 - q_1)(1 - q_2)(1 - q_3) \cdots (1 - q_n) = 1 - \prod_{i=1}^{n} (1 - q_i) \quad (4-10)$$

式中 q_i——第 i 个基本事件发生的精确概率 $(i = 1, 2, 3, \cdots, n)$。

根据式 (4-9)、式 (4-10) 可以得出模糊 "与" 门和模糊 "或" 门的算子公式。

模糊故障树的逻辑 "与" 门算子公式：

$$\tilde{q}_{\text{AND}} = \prod_{i=1}^{n} \tilde{q}_i = (l_{\text{AND}}, m_{\text{AND}}, u_{\text{AND}}) = \left(\prod_{i=1}^{n} l_i, \prod_{i=1}^{n} m_i, \prod_{i=1}^{n} u_i \right) \quad (4-11)$$

模糊故障树的逻辑"或"门算子公式：

$$\tilde{q}_{OR} = 1 - \prod_{i=1}^{n}(1 - \tilde{q}_i) = (l_{OR}, m_{OR}, u_{OR}) = \left[1 - \prod_{i=1}^{n}(1 - l_i), 1 - \prod_{i=1}^{n}(1 - m_i),\right.$$

$$\left. 1 - \prod_{i=1}^{n}(1 - u_i)\right] \tag{4-12}$$

因此，故障树的基本分析方法为：

步骤1：根据所研究的系统，确定顶事件，找出基本原因事件，使用各种逻辑门构造合理的故障树。

步骤2：确定基本事件的模糊概率，并将基本事件的概率分为有统计数据的精确概率、无统计数据的精确概率。有统计数据的基本事件的精确概率是通过参考文献、经验数据等途径获得的。而那些无统计数据的基本事件精确概率则是通过专家的打分来获得，随后都将其转化为三角模糊概率。

步骤3：求取顶事件发生模糊概率。此过程是根据故障树的最小割集以及模糊"与"门和"或"门模糊算子求得的。

步骤4：基本事件的模糊重要度分析。

步骤5：根据分析结果找出主要危险因素，提出有效的管理措施。其中，故障树与模糊数学结合的基本分析流程如图4-2所示。

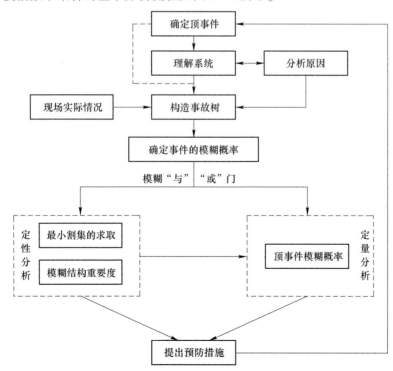

图4-2　综放工作面支架—围岩系统模糊故障树分析基本流程

4.1.1.3 8107综放面有精确概率统计煤壁片帮基本事件三角模糊概率计算

在实际的系统中，对于某个顶事件，其基本事件的精确概率有的可以通过参考文献、经验记录的数据等途径统计出来，也就是说这些精确概率数据是有统计的。而有的基本事件受其故障概念的模糊性、不确定性、其行为发生的复杂性、人为因素等多种因素的影响，使得它们没有统计的精确概率值，那么对于这些没有精确概率数据的基本事件，科研团队根据为期3个月的现场调研与实测，结合与同忻矿技术人员的交流情况，分别对其进行评定，给出各基本事件发生概率的估计值，最后取各估计概率的均值 m，作为该基本事件的精确概率。

部分基本事件通过现场矿压观测等方法可以统计得到其精确概率数据，但这一数据受人为失误、自然环境及各种故障的制约，表现出数据的波动性。因此，需要将片帮基本事件精确概率值进行模糊处理，转化为三角模糊概率。假设某基本事件概率值 q，转换为三角模糊数表示为 $q = (l, m, u)$，具体转化方法如下：

（1）将有精确概率统计的煤壁片帮基本事件概率值 q 作为三角模糊数的核 m 值。

（2）根据现场矿压观测，给出有精确概率值煤壁片帮基本事件发生概率的波动范围。其中，下限为 $m - l$，上限为 $m + u$，其波动方位以现场统计各基本事件概率发生的有效最大值和最小值为上下限。

现场矿压观测并结合5.2节共因失效计算模型，得到同忻矿8107综放面诱发煤壁片帮支架类和回采工艺类基本事件发生概率，如表4–6所示。

表4–6 8107综放面煤壁片帮基本事件发生概率

基本事件	概率	基本事件	概率
支架构件损坏	0.18	支护不及时	0.01
检修不及时	0.02	顶梁台阶过大	0.14
立柱故障	0.04	护帮不及时	0.15
千斤顶伸缩故障	0.06	初撑力不足	0.03
安全阀故障	0.03	支架前梁不接顶	0.02
操纵阀故障	0.04	立柱液压值偏低	0.13
单向阀故障	0.05	端面距大	0.17
管路及其他元件	0.12	支架倾倒歪扭	0.01
采高超限	0.03	顶梁俯仰异常	0.02

注：端面距过大指其值大于0.5m；顶梁台阶过大指其值大于0.15m。

得到基本事件发生概率后，为得到各基本事件发生概率的三角模糊数，还需要统计基本事件发生概率值的有效波动范围。同忻矿8107综放面煤壁片帮基本事件发生概率波动范围统计如表 4 – 7 所示。

表 4 – 7　8107 综放面煤壁片帮基本事件发生概率波动范围

基本事件	最小值	最大值	基本事件	最小值	最大值
检修不及时	0.070	0.100	支护不及时	0.005	0.016
支架构件损坏	0.015	0.200	顶梁台阶过大	0.100	0.110
支柱升降故障	0.030	0.060	护帮不及时	0.130	0.180
千斤顶伸缩故障	0.050	0.070	初撑力不足	0.020	0.040
安全阀故障	0.025	0.038	支架前梁不接顶	0.115	0.125
操纵阀故障	0.030	0.050	立柱液压值偏低	0.110	0.160
单向阀故障	0.040	0.065	端面距过大	0.150	0.210
管路及其他元件	0.100	0.150	支架倾倒歪扭	0.005	0.015
采高超限	0.020	0.040	顶梁俯仰异常	0.010	0.030

从而得到 8107 综放面支架类和回采工艺类煤壁片帮基本事件三角模糊概率值，如表 4 – 8 所示。

表 4 – 8　8107 综放面煤壁片帮基本事件发生三角模糊概率

基本事件	三角模糊概率数
检修不及时	(0.010, 0.080, 0.020)
支架构件损坏	(0.015, 0.180, 0.200)
支柱升降故障	(0.010, 0.040, 0.020)
千斤顶伸缩故障	(0.010, 0.060, 0.010)
安全阀故障	(0.005, 0.030, 0.008)
操纵阀故障	(0.010, 0.040, 0.010)
单向阀故障	(0.010, 0.050, 0.015)
管路及其他元件	(0.020, 0.120, 0.030)
采高超限	(0.010, 0.030, 0.010)
支护不及时	(0.005, 0.010, 0.006)
顶梁台阶过大	(0.030, 0.140, 0.040)
护帮不及时	(0.020, 0.150, 0.030)
初撑力不足	(0.010, 0.030, 0.010)
支架前梁不接顶	(0.005, 0.120, 0.005)
立柱液压值偏低	(0.020, 0.130, 0.030)
端面距过大	(0.020, 0.170, 0.040)
支架倾倒歪扭	(0.005, 0.010, 0.005)
顶梁俯仰异常	(0.010, 0.020, 0.010)

4.1.1.4　8107 综放面无精确概率统计煤壁片帮基本事件三角模糊概率计算

对于 8107 综放工作面支架—围岩故障树的基本事件，有些无法通过统计来确定其发生的概率，例如顶煤破碎、底板松软、老顶来压等，只能用评估的方法确定其对顶上事件的影响程度，这样的基本事件包括：x_{11}、x_{14}、x_{21}、x_{22}、x_{23}、x_{24}、x_{25}、x_{26}、x_{27}。对于煤岩类无法通过现场矿压观测得到其精确概率值的煤壁片帮基本事件，需要运用"3σ 表征法"计算其模糊概率值。具体的评定工作是由一个 4 人以上的专家小组进行，小组各位专家分别给出各基本事件发生概率的估计值，进而取各估计概率的均值为 m，标准差为 σ。假设估计概率值服从正态分布的统计规律，依据 3σ 规则，值落在区间 $[m-3\sigma,\ m+3\sigma]$ 的概率为 99.7%，因此设 $l=u=3\sigma$，3σ 为波动的上下界，将各个概率值表征为 $(3\sigma,\ m,\ 3\sigma)$ 的形式。这就是所谓的 3σ 表征法。

3σ 表征法：组织 4 人以上专家小组，每位专家分别给出煤岩类对应基本事件发生概率估计值，如表 4-9 所示。用得到的概率值计算其均值 m、标准差 σ，结果如表 4-10 所示。离散型随机变量均值 m 就是其数学期望值 $E(x)$。均值 m、标准差 σ 计算公式分别为：

$$E(x) = m = \frac{1}{n}(a_1 + a_2 + \cdots + a_n) \tag{4-13}$$

$$D(x) = \sigma^2 = \sum_{k=1}^{n} [x_k - E(x)]^2 P_k \tag{4-14}$$

$$\sigma = \sqrt{D(x)} = \sqrt{\sum_{k=1}^{n} [x_k - E(x)]^2 P_k} \tag{4-15}$$

式中　x_k——第 k 项概率值，且有：

$$P_k = \frac{1}{n}(k = 1,2,3,\cdots,n) \tag{4-16}$$

表 4-9　煤岩类无精确概率基本事件评估结果

煤岩类基本事件	评估 1	评估 2	评估 3	评估 4
推进速度慢	0.04	0.03	0.03	0.05
冒落机理不明	0.10	0.15	0.12	0.15
裂隙发育	0.04	0.05	0.03	0.04
顶煤破碎	0.06	0.08	0.10	0.07
底板松软	0.04	0.03	0.03	0.05
夹矸较多	0.05	0.07	0.05	0.06
老顶来压	0.18	0.20	0.22	0.20
采空区影响	0.07	0.08	0.10	0.08
上部煤柱影响	0.04	0.03	0.05	0.03

表4－10 煤岩类无精确概率基本事件评估概率的 m、σ 值

煤岩类基本事件	m	σ	煤岩类基本事件	m	σ
推进速度慢	0.04	0.008	夹矸较多	0.06	0.008
冒落机理不明	0.13	0.021	老顶来压	0.20	0.015
裂隙发育	0.04	0.007	采空区影响	0.08	0.011
顶煤破碎	0.08	0.015	上部煤柱影响	0.04	0.008
底板松软	0.04	0.008	—	—	—

假设估计概率值服从正态分布，且落在区间 $[m-3\sigma，m+3\sigma]$ 的概率达到 99.7%。设 $l=u=3\sigma$，则 3σ 为波动的上下界，将各个概率值表示为 $(3\sigma，m，3\sigma)$，得到表4－11所示计算结果。

表4－11 煤岩类无精确概率基本事件三角模糊概率数

无精确概率基本事件	$(3\sigma，m，3\sigma)$
推进速度慢	(0.024，0.040，0.024)
冒落机理不明	(0.063，0.130，0.063)
裂隙发育	(0.021，0.040，0.021)
顶煤破碎	(0.045，0.080，0.045)
底板松软	(0.024，0.040，0.024)
夹矸较多	(0.024，0.060，0.024)
老顶来压	(0.045，0.200，0.045)
采空区影响	(0.033，0.080，0.033)
上部煤柱影响	(0.024，0.040，0.024)

4.1.2 片帮基本事件三角模糊重要度计算

4.1.2.1 最小割集的求取

8105综放工作面支架—围岩系统故障树分析的主要任务之一就是找出导致支架—围岩系统发生故障的所有可能的事故模式，即求出支架—围岩系统故障树的所有最小割集。一个最小割集代表系统的一种事故模式，求最小割集的方法采用布尔代数法。

根据上述故障树写出如下布尔代数表达式：

$$T = A + B_1 \cdot B_2$$
$$= X_1 X_2 + C_1 + (C_2 + C_3)[C_4(D_4 + D_5)]$$

$$= X_1X_2 + X_3 + X_4 + X_5 + X_6 + X_7 + X_8 + (X_9 + X_{10} + X_{11} + X_{12} + X_{15} + X_{16} +$$
$$X_{17} + X_{18} + X_{19} + X_{20})(X_{13} + X_{14})(X_{21} + X_{22} + X_{23} + X_{24} + X_{25} + X_{26} + X_{27})$$

由上式可知，该故障树最小割集数 $= 7 + 10 \times 2 \times 7 = 147$。

从 8105 综放工作面支架—围岩系统故障树的逻辑门构成分析，逻辑门共 16 个，其中逻辑"或"门 14 个，占 87.5%；而"与"门 2 个，仅占 12.5%。并且该故障树的最小割集数为 147，即其中任何一个割集都能导致支架—围岩事故的发生，因此，该系统存在较大的危险性。

4.1.2.2 最小径集的求取

利用对偶原理求最小径集。根据对偶原理，成功树顶事件发生，就是其对偶树顶事件不发生。首先将故障树变换成其对偶的成功树，然后求出成功树的最小割集，即是所求故障树的最小径集。将故障树变为成功树的方法是，将原故障树中的逻辑"或"门改成逻辑"与"门，将逻辑"与"门改成逻辑"或"门，并将全部事件符号加上"′"变成事件补的形式，这样便可以得到与原来故障树对偶的成功树，如图 4-3 所示。

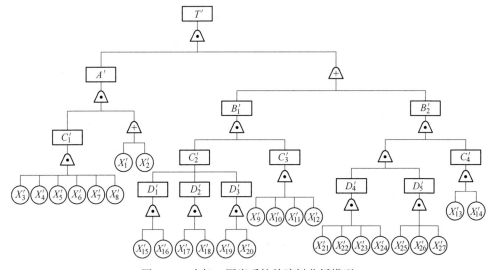

图 4-3 支架—围岩系统故障树分析模型

$$T' = A'(B_1' + B_2')$$
$$A' = C_1'(X_1' + X_2')C_1' = X_3'X_4'X_5'X_6'X_7'X_8' = X_1'X_3'X_4'X_5'X_6'X_7'X_8' + X_2'X_3'X_4'X_5'X_6'X_7'X_8'$$
$$B_1' = C_2'C_3'$$
$$C_2' = D_1'D_2'D_3' = X_{15}'X_{16}'X_{17}'X_{18}'X_{19}'X_{20}'$$
$$C_3' = X_9'X_{10}'X_{11}'X_{12}'$$
$$B_1' = X_9'X_{10}'X_{11}'X_{12}'X_{15}'X_{16}'X_{17}'X_{18}'X_{19}'X_{20}'$$
$$B_2' = D_4'D_5'C_4'$$

$$D'_4 = X'_{21}X'_{22}X'_{23}X'_{24}$$

$$D'_4 = X'_{25}X'_{26}X'_{27}C'_4 = X'_{13}X'_{14}$$

$$B'_2 = X'_{13}X'_{14}X'_{21}X'_{22}X'_{23}X'_{24}X'_{25}X'_{26}X'_{27}$$

则顶上事件的最小径集为：

$$T' = (X'_1 X'_3 X'_4 X'_5 X'_6 X'_7 X'_8 + X'_2 X'_3 X'_4 X'_5 X'_6 X'_7 X'_8)(X'_9 X'_{10}X'_{11}X'_{12}X'_{15}X'_{16}X'_{17} \times X'_{18}X'_{19}X'_{20} + X'_{13}X'_{14}X'_{21}X'_{22}X'_{23}X'_{24}X'_{25}X'_{26}X'_{27})$$

由上式可知顶上事件的最小径集共有 4 个，相对于最小割集而言较少，说明系统故障较难消除。例如，只有 X'_1、X'_3、X'_4、X'_5、X'_6、X'_7、X'_8，即对支架立柱、千斤顶、操作阀、片阀等所有液压元件进行及时检修，才能有效防止支架液压系统泄漏故障的产生。但是，4 个最小径集中任一个发生都能防止 8105 综放工作面支架—围岩系统故障的发生。

4.1.2.3　顶事件的模糊概率分布

根据最小割集，运用模糊"与"门的运算公式 (4-11) 和模糊"或"门的运算公式 (4-12)，来进行顶事件的模糊概率的计算。

设事故树的结构函数为 $f(x_1, x_2, x_3, \cdots, x_n)$，其中 x_i 是事故树基本事件。可以逐层求得顶事件故障的三角模糊概率表达式为 $q_T = f(x_1, x_2, x_3, \cdots, x_n) = (l, m, u)$，其模糊概率分布在 $(m-l, m+u)$ 范围内。

对于 C_1 的概率，它是由 x_3、x_4、x_5、x_6、x_7、x_8 基本事件通过"或"关系所得，所以应用公式 (4-12) 得：

$$
\begin{aligned}
\tilde{q}_{C_1} &= q_{\text{AND}}(x_3, x_4, x_5, x_6, x_7, x_8) = 1 - \prod_{i=x_3}^{x_8}(1 - \tilde{q}_i) \\
&= \left[1 - \prod_{i=x_3}^{x_8}(1 - l_i), 1 - \prod_{i=x_3}^{x_8}(1 - m_i), 1 - \prod_{i=x_3}^{x_8}(1 - u_i) \right] \\
&= (0.063, 0.297, 0.090)
\end{aligned}
$$

$$
\begin{aligned}
\tilde{q}_{C_2} &= q_{\text{AND}}(x_{15}, x_{16}, x_{17}, x_{18}, x_{19}, x_{20}) = 1 - \prod_{i=x_{15}}^{x_{20}}(1 - \tilde{q}_i) \\
&= \left[1 - \prod_{i=x_{15}}^{x_{20}}(1 - l_i), 1 - \prod_{i=x_{15}}^{x_{20}}(1 - m_i), 1 - \prod_{i=x_{15}}^{x_{20}}(1 - u_i) \right] \\
&= (0.069, 0.402, 0.097)
\end{aligned}
$$

$$\tilde{q}_{C_3} = q_{\text{AND}}(x_9, x_{10}, x_{11}, x_{12}) = 1 - \prod_{i=x_9}^{x_{12}}(1 - \tilde{q}_i) = (0.067, 0.207, 0.078)$$

$$\tilde{q}_{C_4} = q_{\text{AND}}(x_{13}, x_{14}) = 1 - \prod_{i=x_{13}}^{x_{14}}(1 - \tilde{q}_i) = (0.082, 0.261, 0.091)$$

$$\tilde{q}_{D_4} = q_{\text{AND}}(x_{21}, x_{22}, x_{23}, x_{24}) = 1 - \prod_{i=x_{21}}^{x_{24}}(1 - \tilde{q}_i) = (0.109, 0.203, 0.109)$$

$$\tilde{q}_{D_5} = q_{AND}(x_{25}, x_{26}, x_{27}) = 1 - \prod_{i=x_{25}}^{x_{27}} (1 - \tilde{q}_i) = (0.099, 0.205, 0.099)$$

按照上述方法，通过计算得：

$$\tilde{q}_A = (0.064, 0.298, 0.091), \quad \tilde{q}_{B_1} = (0.131, 0.526, 0.167),$$

$$\tilde{q}_{B_2} = (0.263, 0.531, 0.270)$$

$$\tilde{T} = (0.096, 0.494, 0.132)$$

由此可知，8105 综放工作面支架—围岩系统发生故障的概率为 0.494，波动范围为 0.398 ~ 0.626，可见其发生故障的可能性较大，应该引起高度的重视。

重要度分析是故障树分析的重要组成部分，在传统故障树分析中，一个基本事件对顶事件发生的影响程度用基本事件的概率重要度来描述；在模糊故障树分析中，由于所得的概率都不是一个精确的概率值，而是一个能表征概率可能性分布范围的模糊数，所以下面就介绍故障树中模糊重要度分析的一种新的方法——中值法。本书借助于模糊数中值定义，可以求得模糊数的中位数，进而求出基本事件的模糊重要度，用其表示对顶事件故障的影响重要程度。

煤壁片帮三类影响因素中各种基本事件对煤壁片帮这一顶事件影响程度可以用基本事件的模糊重要度来表述。下文通过模糊重要度中值法来求解各基本事件的模糊重要度。对于图 4 – 1 定义：

$$A_1 = \int_{m-l}^{m} u_{\tilde{A}}(x) \, dx \tag{4-17}$$

$$A_2 = \int_{m}^{m+u} u_{\tilde{A}}(x) \, dx \tag{4-18}$$

$$A = A_1 + A_2 \tag{4-19}$$

式中 A_1，A_2——分别为图 4 – 1 所示 $l \sim m$ 及 $m \sim u$ 宽度对应三角形面积。

则能够使模糊曲线下 A_1、A_2 两部分面积相等的 z 值，称为该三角模糊数的中位数。其求解方法为：

(1) 当满足 $u < l$ 时：

$$\int_{m-l}^{z} \frac{x - m - l}{l} \, dx = \int_{z}^{m} \frac{x - m + l}{l} \, dx + \int_{m}^{u} \frac{m + u - x}{u} \, dx \tag{4-20}$$

得：

$$T'_s = m - \sqrt{l^2 - ul}$$

(2) 当满足 $u > l$ 时：

$$\int_{m-l}^{z} \frac{x - m + l}{l} dx + \int_{z}^{m} \frac{m + u - x}{u} dx = \int_{m}^{u} \frac{m + u - x}{u} dx \tag{4-21}$$

得：

$$T'_s = m + \sqrt{u^2 - ul}$$

（3）当满足 $u = l$ 时，得：

$$T'_s = m$$

如果将基本事件中位数记为 T_{iz}，则基本事件 x_i 的模糊重要度计算公式为：

$$S_i = T_z - T'_{is} \tag{4-22}$$

对于基本事件模糊重要度，如果 $S_i > S_j$，则认为 x_i 比 x_j 对系统的影响大，即基本事件模糊重要度越大，对煤壁片帮的影响越大，在工作面日常管理中，越应该对模糊重要度较大的基本事件进行针对性处理。

公式（4-22）即为基本事件三角模糊重要度的计算表达式，根据此公式，计算得到煤壁片帮关键影响因素基本事件发生的三角模糊度汇总见表4-12。

表4-12 8107综放面煤壁片帮基本事件三角模糊度

基本事件	模糊重要度	基本事件	模糊重要度
工作阻力不足	0.167	支柱升降故障	0.054
端面距过大	0.162	操纵阀故障	0.040
支架构件损坏	0.160	上部煤柱影响	0.040
护帮不及时	0.147	底板松软	0.040
管路及其他元件	0.13	裂隙发育	0.040
冒落机理不明	0.12	推进速度慢	0.040
支架前梁不接顶	0.10	安全阀故障	0.035
老顶来压	0.094	采高超限	0.030
检修不及时	0.08	初撑力不足	0.030
采空区影响	0.08	顶梁俯仰异常	0.020
顶煤破碎	0.06	结构件破损	0.020
千斤顶伸缩故障	0.06	支护不及时	0.012
夹矸较多	0.137	支架倾倒歪扭	0.010
单向阀故障	0.059	—	—

根据模糊重要度判别原则，对同忻矿8107综放面煤壁片帮影响较大的因素主要是：工作阻力不足、端面距过大、支架构件损坏。这与第3章理论计算的结果相符，即影响煤壁片帮的主要因素是端面距过大和支架工作阻力。而对于同忻煤矿8107综放面支架构件损坏特殊现象导致的煤壁片帮，后续研究也给出了相应解决途径。

另外，支架故障类（液压系统故障和支架构件损伤）煤壁片帮影响因素模糊重要度之和为1.168，其中支架构件损坏和管路及连接件漏液等基本事件模糊重要度均较高。综上，煤壁片帮关键影响因素为支架故障率、工作阻力和端面距，其三角模糊重要度分别为 1.168、0.167 和 0.162。

4.2 煤壁片帮关键影响因素合理值范围的数值模拟分析

4.2.1 关键影响因素数值模拟方案设计

数值模拟对象为同煤国电同忻煤矿 8107 综放工作面，煤层埋藏深度平均值 448m，主采煤层为石炭系 3~5 号煤层，煤层平均厚度（含夹矸）为 16.85m，较破碎，易塌落，结构复杂。

8107 工作面为综合机械化低位放顶煤工作面，采高为 3.9m，放煤平均高度 11.59m，采放比为 1:2.97。煤层倾角 3°~5°，可视为水平煤层，因此，数值计算模拟设计为水平模型，讨论 8107 大采高综放面煤壁片帮关键影响因素和控制效果，设计模型有关参数如下。

4.2.1.1 数值计算模型大小和坐标系标定

设计综放面推进方向为 x 轴方向，铅垂方向为 y 轴方向。x 轴方向上，采空区一侧取 40m，实体煤一侧取 70m；y 轴方向上，老顶平均厚度 12m，直接顶平均厚度 3.5m，直接底岩层平均厚度取 2m，老底厚度取 3m。煤层厚度 15.5m，割煤高度 4.0m，放煤高度 11.5m。由此，形成了 120m×40m 的计算模型，如图 4-4 所示。

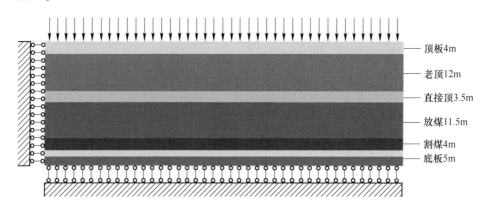

图 4-4 计算模型岩层分布图

4.2.1.2 结构单元的划分[86~88]

本节研究对象主要是煤壁，所以老顶块度为 6.0m×4.0m，直接顶块度为 2.0m×1.75m；割煤高度为 4.0m，割煤块度为 0.25m×0.25m；放顶煤分为两层，一层为 11.5m，块度为 0.25m×0.25m，块度划分见图 4-5。

围岩本构关系采用摩尔－库仑模型。

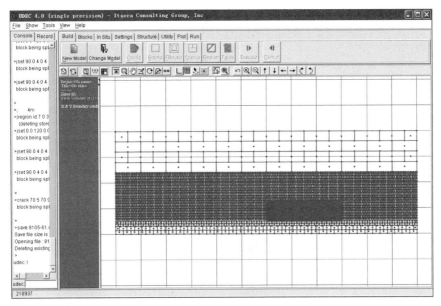

图 4 - 5　计算模型块度划分

4.2.1.3　数值计算模型边界约束条件设定

上部边界约束条件：老顶上方载荷与煤层埋藏深度和上覆岩层容重乘积（$\sum \gamma h$）有关，上部边界载荷可简化为均布载荷，因此，上部边界约束为应力边界条件。

下部边界约束条件：下部为煤层底板，边界约束可简化为位移边界条件，即 x 方向上可自由运动，y 方向固定铰支，即 $v = 0$。

两侧边界约束条件：两侧边界均为实体煤延续和岩体延续，因此可简化为位移边界约束条件，y 方向可以自由运动，x 方向固定铰支，即 $u = 0$。

4.2.1.4　原岩应力状态模拟

以煤层实际埋藏深度、上覆岩层实际容重、煤体物理力学参数为基础，添加边界约束条件，运行至平均不平衡力为最大不平衡力的 1/15000，此时可认为模型处于平衡状态。

4.2.1.5　数值模拟方案的设计

数值模拟方案设计见表 4 - 13，煤壁片帮关键影响因素具体方案表述如下：

（1）端面距对煤壁片帮的影响。支架工作阻力在额定工作阻力情况下，端面距分别取 0m、0.25m、0.5m、0.75m、1.0m、1.25m、1.5m，研究煤壁片帮情况。模拟方案为 I -1、I -2、I -3、I -4、I -5、I -6、I -7。

（2）支架额定工作阻力变化对煤壁片帮的影响。梁端距为 0.5m，支架额定工作阻力分别取 13500kN、14000kN、14500kN、13500kN、15500kN 和 16000kN。模拟方案为 II -1、II -2、II -3、II -4、II -5 和 II -6。

表4-13 8107综放面煤壁片帮关键影响因素数值模拟方案设计

方案	端面距 L /m	额定工作阻力 /kN	老顶来压与否	前柱倾角 / (°)	顶煤厚度 /m
Ⅰ-1	0.00	13500	来压	83	11.5
Ⅰ-2	0.25	13500	来压	83	11.5
Ⅰ-3	0.50	13500	来压	83	11.5
Ⅰ-4	0.75	13500	来压	83	11.5
Ⅰ-5	1.00	13500	来压	83	11.5
Ⅰ-6	1.25	13500	来压	83	11.5
Ⅰ-7	1.50	13500	来压	83	11.5
Ⅱ-1	0.50	11500	来压	83	11.5
Ⅱ-2	0.50	12000	来压	83	11.5
Ⅱ-3	0.50	12500	来压	83	11.5
Ⅱ-4	0.50	13000	来压	83	11.5
Ⅱ-5	0.50	13500	来压	83	11.5
Ⅱ-6	0.50	14000	来压	83	11.5
Ⅲ-1	0.50	13500	来压	79	11.5
Ⅲ-2	0.50	13500	来压	81	11.5
Ⅲ-3	0.50	13500	来压	83	11.5
Ⅲ-4	0.50	13500	来压	85	11.5
Ⅲ-5	0.50	13500	来压	87	11.5

注: $L = L_1 + L_2$, L_1 为梁端距, L_2 为接顶距, 本表所列方案 Ⅰ 中 $L_2 = 0$。

（3）支架前立柱走向倾角对煤壁片帮的影响。设计端面距为0.5m条件下，支架走向倾角分别为79°、81°、83°、85°、87°。模拟方案为Ⅲ-1、Ⅲ-2、Ⅲ-3、Ⅲ-4、Ⅲ-5。

4.2.1.6 煤壁片帮控制效果的模拟

煤壁片帮控制措施包括适当增大支架工作阻力，缩小端面距。

（1）缩小端面距：端面距由1.5m降为1.25m、1.0m、0.75m、0.5m、0.25m、0m，见Ⅰ系列。

（2）提高支架工作阻力：支架工作阻力由13500kN依次提高到14000kN、14500kN、13500kN、15500kN、16000kN，方案见Ⅱ系列。

4.2.2 煤壁片帮关键影响因素合理值范围确定

4.2.2.1 端面距合理取值范围数值模拟

端面距是指支架顶梁第一接顶点到煤壁最大片帮处的距离，即端面距=空顶距+梁端距+片帮最大深度。在UDEC模拟过程中，制定科学合理的模拟方案，通过模拟梁端距来间接模拟端面距对综放煤壁片帮的影响。本模拟共制定7个方案，对应的端面距分别取0m、0.25m、0.5m、0.75m、1.0m、1.25m、1.5m。

7个方案模拟出的综放端面状况图如图4-6所示（1.5m方案仅给出具体数据）。可以看出，端面距从0.5m增大到1.25m过程中，片帮深度逐渐加重，冒顶范围逐渐增大。端面距与冒高和片深的关系曲线如图4-7所示。

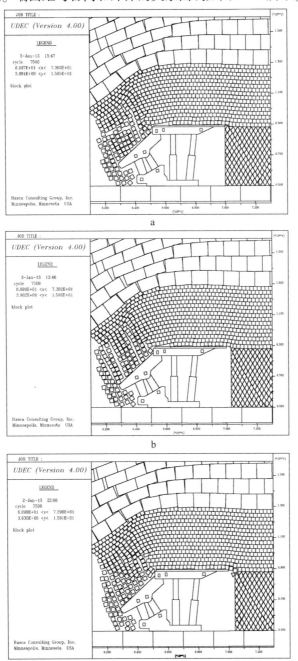

a

b

c

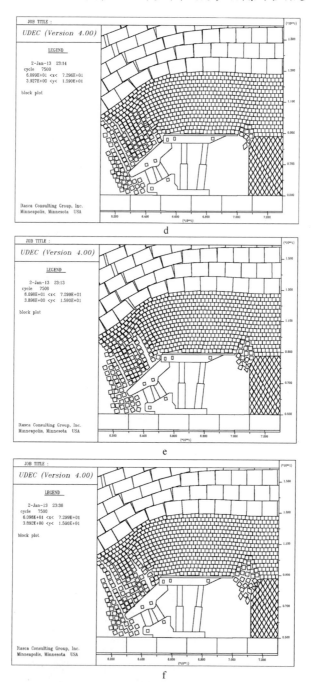

图 4-6　不同端面距条件下端面状况图

a—方案Ⅰ-1端面状况图（$L=0$m）；b—方案Ⅰ-2端面状况图（$L=0.25$m）；
c—方案Ⅰ-3端面状况图（$L=0.5$m）；d—方案Ⅰ-4端面状况图（$L=0.75$m）；
e—方案Ⅰ-5端面状况图（$L=1.0$m）；f—方案Ⅰ-6端面状况图（$L=1.25$m）

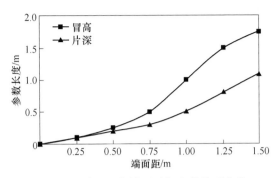

图4-7 端面距与端面破坏参数关系曲线

（1）端面距小于等于0.5m时，煤壁片帮状况均较少，端面顶板控制效果较好。

（2）端面距为0.75m时，片帮深度达到0.4m；端面距增加为1.0m时，片帮深度也达到0.5m，冒高达到1m，端面控制越来越困难。

（3）端面距达到或者超过1.25m时，煤壁片帮深度迅速增加，顶煤冒落范围显著增大，端面煤岩体冒漏片帮难以控制。

综上所述，8107大采高综放面能够有效控制端面煤岩体冒顶片帮的合理端面距取值范围为 $d \leqslant 0.5m$。

4.2.2.2 支架工作阻力合理值范围数值模拟

支架工作阻力包括工作阻力大小及工作阻力方向两个方面，对于同忻8107综放面而言，立柱方向在83°附近变动，因此本部分工作阻力模拟主要指工作阻力大小的模拟。

支架工作阻力大小对煤壁片帮影响共设计6个模拟方案，Ⅱ—1～Ⅱ—6对应支架工作阻力分别为11500kN、12000kN、12500kN、13000kN、13500kN和14000kN。不同工作阻力条件下端面状况图如图4-8所示。

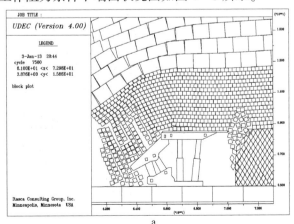

a

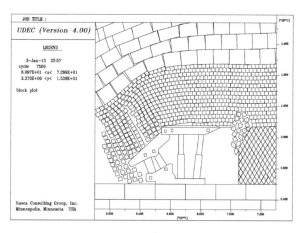

b

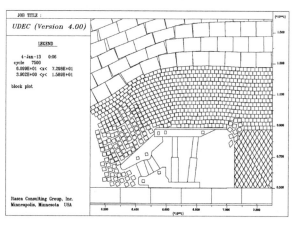

c

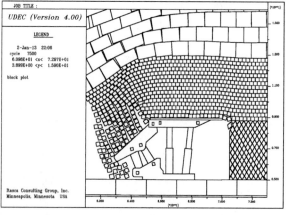

d

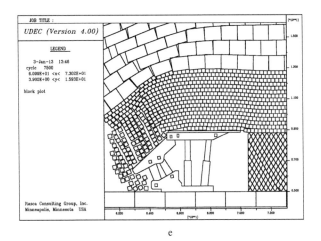

e

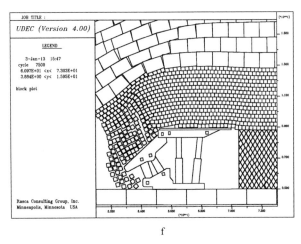

f

图 4-8　不同工作阻力条件下端面状况图

a—方案Ⅱ-1端面状况图（工作阻力11500kN）；b—方案Ⅱ-2端面状况图（工作阻力12000kN）；
c—方案Ⅱ-3端面状况图（工作阻力12500kN）；d—方案Ⅱ-4端面状况图（工作阻力13000kN）；
e—方案Ⅱ-5端面状况图（工作阻力13500kN）；f—方案Ⅱ-6端面状况图（工作阻力14000kN）

模拟结果表明：

（1）当支架工作阻力小于13500kN时，综放煤壁片帮深度和顶板冒漏高度均达到0.5m以上，端面维护状况较差，不利于安全高效回采。

（2）当支架工作阻力达到13500kN及以上时，煤壁片帮深度降到0.2m以下，综放端面顶煤冒落高度降到0.25m以下，工作面煤体得到较好控制。

支架工作阻力与端面破坏参数关系曲线如图4-9所示。

从控制煤壁片帮和工作面顶板冒顶两方面考虑，支架工作阻力的合理值应不小于13500kN。

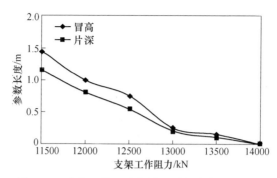

图 4-9　支架工作阻力与端面破坏参数关系曲线

4.2.2.3　前立柱走向倾角合理值范围数值模拟

四柱式综放液压支架，支架前柱存在一个向前的倾角，称为支架前立柱走向倾角。前立柱走向倾角决定了支架工作阻力在水平方向和垂直方向分配的比例，支架前立柱走向倾角大小合理，可有效控制断面煤岩体。

设计 5 个支架前立柱走向倾角的数值模拟方案，分别为Ⅲ-1、Ⅲ-2、Ⅲ-3、Ⅲ-4、Ⅲ-5，对应支架前立柱走向倾角分别为 79°、81°、83°、85° 和 87°。数值模拟所得综放端面状况如图 4-10 所示。

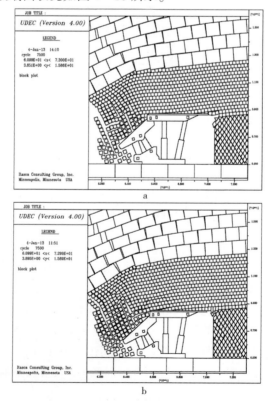

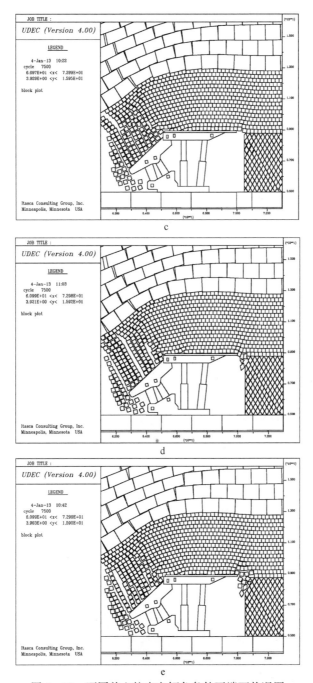

图 4 – 10 不同前立柱走向倾角条件下端面状况图

a—方案Ⅲ – 1 端面状况（前立柱走向倾角 79°）；b—方案Ⅲ – 2 端面状况（前立柱走向倾角 81°）；

c—方案Ⅲ – 3 端面状况（前立柱走向倾角 83°）；d—方案Ⅲ – 4 端面状况（前立柱走向倾角 85°）；

e—方案Ⅲ – 5 端面状况（前立柱走向倾角 87°）

5个数值模拟方案得到的液压支架前立柱走向倾角与端面破坏参数关系曲线如图4-11所示。

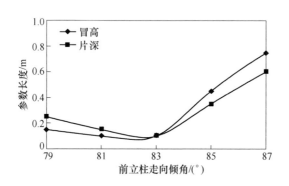

图4-11 不同前立柱走向倾角与
端面参数关系曲线

模拟结果表明：

（1）当支架前立柱走向倾角为83°时，煤壁片帮深度和顶煤冒高均为5个方案中的最小值，片深和冒高均接近为0，端面控制效果良好。

（2）当支架前立柱走向倾角为85°和87°时，液压支架无法提供足够的沿水平方向指向煤壁的支护力，出现较为严重的煤壁片帮，并诱发严重顶煤冒落，片帮深度和冒顶高度可分别达到0.75m和0.6m。

（3）当支架前立柱走向倾角为79°和81°时，由于前柱支撑高度减小，液压支架顶梁下俯角度加大，支架提供给煤壁的支护力加大，端面煤体受挤压出现一定程度煤体破碎，诱发端面出现较轻微的煤壁片帮和顶煤冒漏现象。

综上可知，当液压支架前立柱走向倾角为83°时，支架水平方向的支护力和垂直方向的支护力匹配合理，达到一个最佳状态，煤壁控制效果较好。

4.3 煤壁片帮关键影响因素回归分析

利用EXCEL软件中数据回归分析功能对影响煤壁片帮的关键因素，即端面距、支架液压（支架工作阻力）、顶梁台阶及顶梁俯仰角等进行回归分析，得到片帮深度与诸关键影响因素之间的回归曲线方程，并得到片帮深度与诸影响因素之间的相关系数，从而判断诸关键影响因素对煤壁片帮的影响程度。煤壁片深与端面距、支架液压（支架工作阻力）、顶梁台阶及顶梁俯仰角回归分析结果见图4-12。

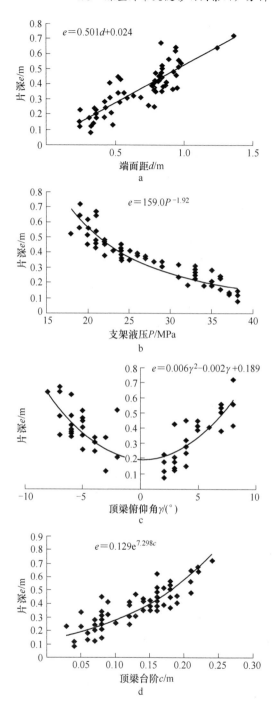

图 4 - 12　片帮深度与其关键影响因素回归曲线

a—片深与端面距回归曲线；b—片深与支架液压回归曲线；

c—片深与顶梁俯仰角回归曲线；d—片深与顶梁台阶回归曲线

回归分析得到的片深与端面距、支架液压（支架工作阻力）、顶梁台阶及顶梁俯仰角回归关系见表 4 – 14。

表 4 – 14　片帮深度与其关键影响因素回归关系

回归函数	相关因素	回归方程
片深 e/m	端面距 d/m	$e = 0.501d + 0.024$；$r_d = 0.8543$
	支架液压 P/MPa	$e = 159.0P^{-1.92}$；$r_P = 0.9023$
	顶梁俯仰角 $\gamma/(°)$	$e = -0.006\gamma^2 - 0.002\gamma + 0.189$；$r_\gamma = 0.7825$
	顶梁台阶 c/m	$e = 0.129e^{7.298c}$；$r_c = 0.7783$

回归分析结果如下：

（1）相关系数 r 回归结果表明[89~93]：$r_P > r_d > r_\gamma > r_c$，即端面距和支架液压是影响煤壁片帮深度的显著性因素。

（2）片帮与端面距呈线性关系，且随端面距的增大而增大。端面距越大，悬顶距离越大，无支护空间越大，易导致煤壁发生片帮事故。

（3）煤壁片帮与支架液压呈幂函数关系。片深随支架液压增加呈减小趋势，且在工作阻力 13500kN 处存在一个临界值，当支架工作阻力小于 13500kN 时，煤壁片帮急剧增加；当支架工作阻力大于 13500kN 时，曲线开始变得缓和，片帮量变化趋于稳定。

回归分析表明 8107 综放面煤壁片帮的关键影响因素为：支架液压和端面距。

4.4　本章小结

本章综合理论分析、数值模拟和回归分析等方法，确定大采高煤壁片帮关键影响因素及其合理值范围。主要结论为：

（1）根据现场实测，将煤壁片帮关键影响因素分为三类：一是支架类，二是回采工艺类，三是煤岩性质类。

（2）基于三角模糊算法，根据模糊重要度判别原则，同忻矿 8107 大采高综放面煤壁片帮关键因素主要为：支架故障（液压系统故障和支架构件损伤）、工作阻力和端面距。其三角模糊重要度分别为 1.168、0.167 和 0.162。

（3）数值模拟计算结果表明：端面距合理取值范围为 $d \leqslant 0.5\text{m}$；支架合理工作阻力为 $F \geqslant 13500\text{kN}$；支架前立柱走向倾角合理取值范围为 $\alpha = 83°$。

（4）相关系数 r 回归结果表明：$r_P > r_d > r_\gamma > r_c$，即端面距和支架液压是影响煤壁片帮深度的显著性因素。煤壁片帮深度与端面距和支架液压分别呈线性和幂函数型变化关系。

5 基于综放支架系统可靠性 煤壁片帮控制技术

煤壁片帮控制技术主要分为两大类：一类是采取相应措施改变预片帮煤体自身力学性质；另一类是提高采场支架系统可靠性，避免预片帮煤体承受顶板高剪切应力作用。本章首先分析了煤壁片帮与支架系统可靠性及支架故障检测之间的互馈关系；其次，建立大采高综放支架共因失效计算模型，深入研究了支架系统可靠性与顶板载荷随机性和支架元件性能分散性之间的关系；最后，结合同煤国电同忻煤矿 8107 大采高综放面煤壁片帮诱因分析，提出煤壁片帮控制"固液同步型"综放支架故障检测技术，并对该技术的内涵进行系统分析，详细阐述了综放支架固体构件超声相控阵无损探伤技术和综放支架液压元件 YHX 型检测技术。

5.1 支架系统可靠性与煤壁片帮控制互馈关系研究

煤壁片帮控制技术从现有文献研究成果可分为两大类：一类是预片帮煤体自身力学性质的改变；另一类是提高采场支架系统可靠性，避免预片帮煤体承受顶板高剪切应力作用。现代化高产高效综放面，割煤速率相对较快，改变煤体自身力学性质控制煤壁的做法在实践中应用较少，主要方法是提高支架系统可靠性，保障支架支撑特性，充分发挥支架在煤壁片帮控制中的主动作用。

支架系统可靠性取决于两个方面：一方面是支架自身系统元件的可靠性；另一方面是顶板作用于支架载荷的大小。本书后续章节通过建立共因失效计算模型，使支架系统可靠性计算既考虑支架元件性能的分散性，同时也考虑顶板载荷的随机性，达到合理计算支架系统可靠性的目的。

提高支架系统可靠性的方法主要是提高支架元件的可靠性（将在本章第 2 节中具体说明），而支架元件包括支架液压系统元件和支架固体构件。

综上，本章研究工作的重点是通过相应技术手段提高支架液压元件和固体构件可靠性，进而提高支架系统可靠性，避免预片帮煤体承受顶板高剪切应力作用，达到煤壁片帮控制的目的。

提高支架系统可靠性是煤壁片帮控制的有效措施，而支架故障检测是提高支架系统可靠性的基础。反之，煤壁片帮后，支架控顶范围增加，容易导致支架固体构建及液压元件发生故障，引起支架系统可靠性降低。三者的互馈关系如图 5-1所示。

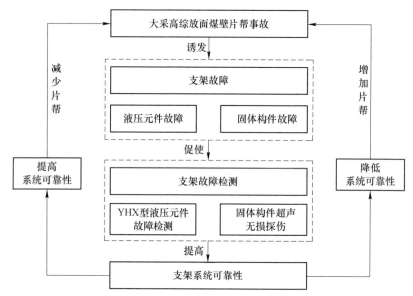

图 5-1　煤壁片帮控制与支架系统可靠性关系

5.2　基于共因失效计算模型综放支架系统可靠性研究

可靠性是指产品在规定条件下和规定时间内完成规定功能的能力，表示在一定时间内产品无故障发生的概率。确定系统可靠性，必须对以下几个方面进行精准定义：

（1）必须能够清晰、明确地描述故障，故障定义应与系统功能有关；

（2）必须确定时间单位，例如，时间间隔可以以日历时间或者时钟时间、工作时间为单位；

（3）必须观测系统正常工作时的状态，观测参数包括设计承受载荷、工作环境、使用条件等。

与可靠性相对应的是设备的维修性，维修性是指故障部件或系统在规定的条件下和规定的时间内，按照规定的程序和方法进行维修时，恢复或者修复到指定状态的概率，表示故障部件在一特定时间内被修复的概率。

研究单一液压支架可靠性是研究综放面液压支架系统可靠性的基础和前提，工作面每个液压支架正常可靠工作才能保证液压支架宏观系统的可靠性。本研究拟从由单架液压支架内部液压系统组成的单一液压支架可靠性分析入手，进而研究整个工作面全部液压支架组成的系统的可靠性。

综放支架系统可靠性指综放支架在规定条件下和规定服务年限内完成规定功能的能力，表示在一定时间内液压支架无故障发生的概率。影响综放支架系统可靠性因素主要有三个方面：一是支架液压系统故障；二是支架固体构件损伤；三是前两者的有机结合。无论是液压系统故障还是支架固体构件损伤，均可通过共因失效计算模型来研究支架系统可靠性。

5.2.1 大采高综放支架故障概率共因失效计算模型的提出

共因失效[94~101]（Common Cause Failure，简称 CCF）一般定义为由于共同的原因引起系统元件的多重失效现象。对于综放支架故障共因失效，可定义为由于顶板载荷作用，引起支架 2 个或者 2 个以上系统元件的同时失效。这里，系统元件可以是液压元件，也可以是支架固体构件。

综放支架故障共因失效计算模型提出的基本观点是：支架故障是由顶板载荷的随机性和系统元件性能的分散性相互作用造成的。其中，顶板载荷的随机性是根本原因，而系统元件性能的分散性可以从一定程度上减轻系统元件共因失效的相关程度。为公式推导方便，定义 x_e 表示顶板载荷的一个随机变量，其概率密度函数为 $f_1(x_e)$；定义 x_p 表示系统元件的一个随机变量，其概率密度函数为 $f_2(x_p)$；定义系统元件条件失效概率为：

$$P(x_e) = \int_0^{x_e} f_2(x_p)\,\mathrm{d}x_p \tag{5-1}$$

其概率密度函数为：

$$g(p) = f_1\big[p^{-1}(p)\big]\left|\frac{\mathrm{d}}{\mathrm{d}p}p^{-1}(p)\right| \tag{5-2}$$

式中 $p^{-1}(p)$——$p(x_e)$ 的反函数，即 $p^{-1}(p) = x_e$。

从而，系统元件失效概率可表述为：

$$P = \int_{0+}^1 pg(p)\,\mathrm{d}p \tag{5-3}$$

现在考虑相互独立的 n 个系统元件同时发生失效的情况，其概率为：

$$\big[P(x_e)\big]^n = \left[\int_0^{x_e} f_2(x_p)\,\mathrm{d}x_p\right]^n \tag{5-4}$$

在区间 $0 < x_e < \infty$：

$$P_s^n = \int_0^\infty \big[p(x_e)\big]^n f_1(x_e)\,\mathrm{d}x_e = \int_0^\infty f_1(x_e)\left[\int_0^{x_e} f_2(x_p)\,\mathrm{d}x_p\right]^n \mathrm{d}x_e \tag{5-5}$$

根据公式（5-5），n 个系统元件恰有 r 个发生故障的概率为：

$$P_s^{r/n} = C_n^r \int_0^\infty f_1(x_e)\left[\int_0^{x_e} f_2(x_p)\,\mathrm{d}x_p\right]^r \times \left[\int_{x_e}^\infty f_2(x_p)\,\mathrm{d}x_p\right]^{n-r} \mathrm{d}x_e \tag{5-6}$$

公式（5-6）是能够反映共因失效这种失效相关性的概率计算模型。但是，在煤矿现场，能够直接得到的数据一般为现场观测到的原始数据，无法用积分的形式进行求解计算，为此，需要对公式（5-6）进行离散化处理[102]。

离散化处理的主要依据是：积分形式可以通过多项式求和的极限形式进行替换，从而可将式（5-6）转化为：

$$P_s^{r/n} = C_n^r \sum_i [p(x_{ei})]^r [1-p(x_{ei})]^{n-r} f_1(x_{ei}) \Delta x_{ei} \qquad (5-7)$$

其中：

$$p(x_{ei}) = \int_0^{x_{ei}} f_2(x_p) dx_p \qquad (5-8)$$

表示系统元件在顶板载荷取值 x_{ei} 时的条件失效概率。式（5-7）可以由系统元件失效相关原始数据确定参数的具体取值。

对于 n 阶冗余系统，进行 m 次独立试验，第 j 次试验恰有 m_j 个元件失效。由小子样统计理论，i 阶秩的失效数对应的累积分布恰是在顶板载荷取值 x_{ei} 条件下系统元件条件失效概率的估计[98]，于是：

$$P(x_{ei}) = \frac{1}{i + (n+1-i) F_{2(n+1-i),2i,0.5}} \qquad (5-9)$$

式中　$F_{2(n+1-i),2i,0.5}$——F-分布函数。

顶板载荷 x_{ei} 概率求解公式为：

$$f_1(x_{ei}) \Delta x_{ei} = \frac{m_i}{m} \qquad (5-10)$$

式中　m_i——发生 i 阶失效次数；

　　　m——系统实验总次数。

根据式（5-9）和式（5-10）可知，式（5-7）可通过数据统计处理进行求解。式（5-7）即为大采高综放支架故障共因失效计算模型。下面结合同忻煤矿 8107 综放面 ZF15000/27.5/42 型四柱支撑掩护式液压支架立柱可靠性研究说明式（5-7）的具体应用。

5.2.2　ZF15000/27.5/42 型综放支架立柱系统可靠性计算示例

ZF15000/27.5/42 型支架属于四柱支撑掩护式液压支架。其 4 根立柱液压单元组成 4 阶冗余子系统（属于并联子系统）。其共因失效方式分为 5 种方式：

（1）4 根立柱子系统均正常工作，0 阶失效；

（2）1 根立柱子系统液压故障，1 阶失效；

（3）2 根立柱子系统液压故障，2 阶失效；

（4）3 根立柱子系统液压故障，3 阶失效；

（5）4 根立柱子系统液压故障，4 阶失效。

在 50 次周期来压观测过程中，各种失效形式观测结果及相应共因失效数据如表 5-1 所示。

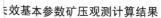
失效基本参数矿压观测计算结果

$f_1(x_{ei})\Delta x_{ei}$	$p(x_{ei})$
0.740	0
0.212	0.132
0.021	0.437
0.018	0.511
0.013	0.547

立柱系统看做是 3/4 冗余系统，则发生 1 阶

$$\ldots 1 - p(x_{ei})]^1 f_1(x_{e1})\Delta x_{e1} \approx 0.04 \qquad (5-11)$$

件下发生 2 阶、3 阶和 4 阶失效的概率较小，

认为支架立柱故障主要是 1 阶故障，则支架

度为：

$$P_s^{3/4} = 0.96 = 96\%$$

计算模型支架系统可靠性研究为支架系统可

，这种计算方法同时考虑了顶板载荷的随机性

更加可靠；（2）综放支架系统可靠性共因失效

尤其是支架液压元件和支架固体构件具有较高的

靠性，降低支架故障率，保障支架支撑性能，使

而有效控制煤壁片帮事故的发生。为降低支架共

因力，本书提出煤壁片帮"固液同步型"综放支架

故障

5.3 架故障检测技术及其检测机理

改 提高支架系统可靠性，保障支架支撑性能，充分发挥

支架工作 的实现都以提高支架液压系统和支架构件可靠性为

基础。

5.3.1 综 同步型"故障检测技术的提出

5.3.1.1 架固体构件损伤故障

综放支架 按其对支架工作阻力及支撑性能的影响程度可以分为梁式

、立柱式 辅助构件式损伤，如图 5 - 2 所示。

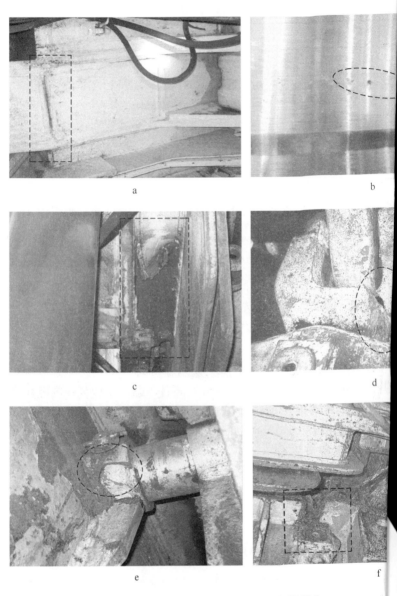

图 5 - 2 综放支架构件损伤

a—同忻矿 8107 综放支架掩护梁焊缝开裂；b—北京煤机厂支架立柱先天
c—同忻矿 8107 综放面支架侧护板撕裂；d—五家沟矿 5201 综放面支架
e—五家沟矿 5201 综放面支架连接孔撕裂；f—同忻矿 8107 综放面支架

梁式损伤：主要指掩护梁及顶梁等梁式构件出现的焊缝开裂

组合形式；

立柱式损伤：主要指支架立柱先天加工缺陷造成的砂眼及

阴暗、振动、冲击载荷等复杂条件作用而引起的立柱穿孔现象;

辅助构件损伤:主要指侧护板、耳座、连接孔等辅助构件出现的构件撕裂、脆性断裂等现象。

综放支架构件损伤将直接影响支架的支撑特性,尤其是梁式损伤和立柱式损伤,由于其影响支架工作阻力的发挥,从而使煤壁承受高强度剪切应力作用,容易造成煤壁,尤其是大采高煤壁的突然、大范围片帮现象。因此,研究大采高综放支架固体构件无损探伤技术对于保证支架支撑特性,充分发挥支架工作阻力,进而改善大采高煤壁控制效果有积极作用。

5.3.1.2 综放支架液压系统泄漏故障

综放支架液压系统泄漏(图5-3)故障按其对工作阻力及支架支撑性能的影响程度可以分为立柱液压系统泄漏、阀组及管路连接件液压系统泄漏和千斤顶液压系统泄漏。

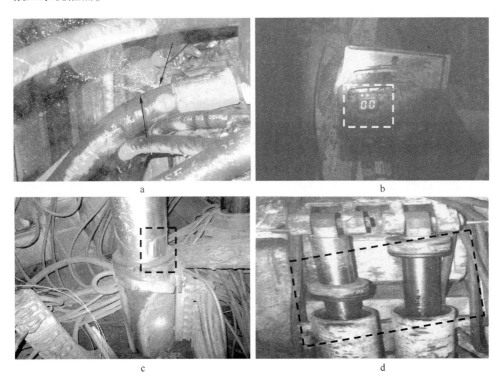

图5-3 综放支架液压系统泄漏

a—同忻矿8107综放支架可视液压泄漏;b—同忻矿8107支架立柱液压值为0;
c—某矿综放支架立柱密封圈泄漏1;d—某矿综放支架立柱密封圈泄漏2

立柱液压系统泄漏:立柱液压系统是保障支架工作阻力得以发挥的前提,对煤壁片帮控制影响较大。

阀组及管路连接件液压系统泄漏：阀组及管路连接件泄漏故障一般表现出比较明显的时间滞后性，随时间的延续其泄漏影响也逐渐增强。

千斤顶液压系统故障：综放支架千斤顶种类主要包括伸缩千斤顶、侧护千斤顶、抬底千斤顶及挡板千斤顶等几种。千斤顶液压系统故障主要影响液压支架辅助功能的实现。

综上所述，无论是支架固体构件损伤还是支架液压系统泄漏，都将改变支架的支撑性能，使支架难以发挥应有的支撑作用，导致煤壁承受顶板高强度剪切载荷作用，引起煤壁片帮。这种现象在大采高综放面支架立柱故障、梁式故障情况下表现得尤为突出。

5.3.2 综放支架"固液同步型"故障检测技术的内涵

综放支架"固液同步型"故障检测技术主要包括固体构件无损探伤技术和综放支架液压系统故障检测技术。"同步型"的基本含义是在同一矿压周期、同一采煤循环、同一地点对同一支架进行固体构件和液压元件同步检测。

5.3.2.1 综放支架固体构件超声无损探伤技术

无损探伤[103~110]按照其技术发展时间顺序又可分为传统超声波无损探伤和现代超声相控阵无损探伤两种类型。

A 传统超声波无损探伤技术

传统超声波无损探伤技术的理论基础为：

(1) 超声波能够穿透金属类坚硬物体，且其传播路径会因传播媒介的不同而发生反射和折射现象；

(2) 超声探头发射的超声波在不同媒介中能量损耗不同，经不同路径后形成的反射和折射波形不同；

(3) 波形可以通过仪器直观地反映到屏幕上。

综上，传统超声波无损探伤的原理图可表示为图 5-4。

波形实现界面放大后如图 5-5 所示。

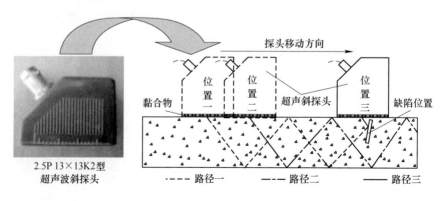

2.5P 13×13K2型
超声波斜探头

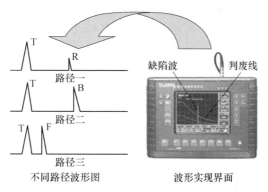

图 5 – 4　传统超声波无损探伤原理图

T—始波；F—缺陷波；B—底波或者棱角波；R—干扰波

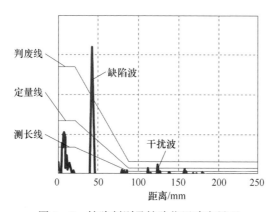

图 5 – 5　缺陷判别及缺陷位置确定界面

图 5 – 5 中横坐标表示探头（超声波以 45°入射试件）前部几何边缘（入射点到前部几何边缘距离由探头自身设计确定且为常数 C）到缺陷部位横坐标处的水平距离 x_1。则缺陷位置 (x, y) 由直角三角形正切定理得到：

$$(x,y) = [C + x_1, \tan45° \times (C + x_1)] \qquad (5 - 12)$$

传统超声波探伤评价：操作简单，可以对缺陷进行定量和定位，但不能在数显界面上直接确定缺陷数量和位置，需要经过数学推导，且在缺陷定位判别过程中，棱角波波形和振幅与缺陷波较为相似，需要专业技术人员依靠经验进行综合判定。为克服传统超声无损探伤的缺点，下文介绍超声相控阵无损探伤技术。

B　现代超声相控阵无损探伤技术[111~123]

现代超声相控阵无损探伤技术的理论基础是相控延时聚焦和相控延时偏转，下面分别进行介绍。

相控聚焦和相控偏转是针对被检测对象几何形状而言的，其基本原理都是通过改变超声波的相位达到调节波阵面的目的。

a 曲率为 ρ 弧形设备相控延时聚焦原理

曲率为 ρ 弧形设备相控延时聚焦原理如图 5 - 6 所示。

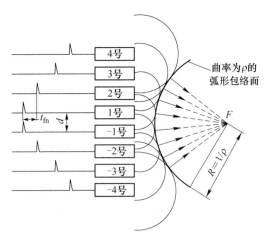

图 5 - 6 曲率为 ρ 弧形设备相控延时聚焦原理图

综放支架具有一定曲率的弧形设备主要有两种：一是圆柱形设备（其横断面为圆形），如综放支架立柱、支架连接孔、千斤顶等；二是具有固定曲率的弧形设备，如掩护梁焊缝连接处弧形过渡区域。

对于曲率为 ρ 的弧形设备，焦距 F 为：

$$F = R = \frac{1}{\rho} \tag{5-13}$$

各阵元初始相位延时时间 t_{fn} 为：

$$t_{\mathrm{fn}} = \frac{F}{c}\left\{1 - \left[\sqrt{1 + \left(\frac{nd}{F}\right)^2}\right]\right\} = \frac{1}{c\rho}\left[1 - \sqrt{1 + (nd\rho)^2}\right] \tag{5-14}$$

式中　　n——阵元序号；

　　　　c——超声波在铸钢中的传播速度，可近似取值 323m/s；

　　　　d——相邻阵元间间距，$d = 3$mm。

b 倾角为 φ 的板状设备相控延时偏转原理

倾角为 φ 的板状设备相控延时偏转原理如图 5 - 7 所示。

综放支架板状构件相对较多，如顶梁、掩护梁、侧护帮等，对于具有一定倾角的板状设备，通过各阵元激励时序上的控制，波阵面即可形成具有一定倾角的板形探测面。

图 5 - 7 中各阵元以等间隔延时激励，使各相邻阵元之间形成相同的相位差 Δt，从而形成波阵面的偏转。波阵面偏转角 φ 为：

$$\varphi = \arcsin\frac{\Delta t \lambda}{2\pi d} \tag{5-15}$$

式中 λ——超声波波长；

　　　d——相邻阵元间间距，$d = 3\text{mm}$。

$$\lambda = \frac{c}{f}$$

式中 c——超声波在铸钢中的波速，可近似取值 323m/s；

　　　f——超声波频率，适用于铸钢等细晶材料和高灵敏材料超声检测的频率一般较高，取 $f = 40\text{kHz}$。

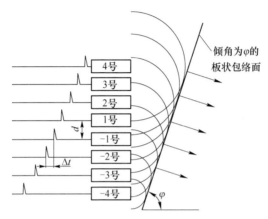

图 5-7 倾角为 φ 的板状设备相控延时偏转原理图

c 同忻矿 ZF15000/27.5/42 型综放支架立柱超声相控阵无损探伤实例

ZF15000/27.5/42 型综放支架立柱直径 $D = 0.260\text{m}$，则曲率为：

$$\rho = \frac{2}{D} \approx 7.69 \tag{5-16}$$

焦距 F 为活柱半径与阵元到活柱距离之和，即：

$$F = \frac{D}{2} + \left[l_2 - \frac{D}{2}(1 - \cos\theta_0) \right] \approx 145.76\text{mm} \tag{5-17}$$

将式（5-16）和式（5-17）代入式（5-15），得各阵元相控延时的时间如表 5-2 所示。

表 5-2 各阵元相控延时时间

阵元编号	8号、9号	7号、10号	6号、11号	5号、12号	4号、13号	3号、14号	2号、15号	1号、16号
延时时间/μs	0.000	0.096	0.387	0.870	1.538	2.401	3.454	4.695

从而得到 ZF15000/27.5/42 型综放支架立柱超声相控阵无损探伤原理如图 5-8 所示。

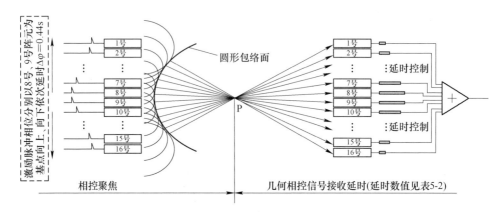

图 5 - 8　支架活柱超声相控阵无损检测原理图

针对图 5 -2a 所示掩护梁焊缝开裂情况，依靠超声相控阵无损探伤仪三维图像输出功能，可以得到三维图像输出。三维数字信号输出流程为：各阵元相控延时聚焦信号→A/D 转换→延时控制→数字式加法器和数字检测器→正交分解→三维图像输出[124,125]。

ZF15000/27.5/42 型综放支架掩护梁焊缝开裂超声相控阵无损探伤结果如图 5 -9 所示。

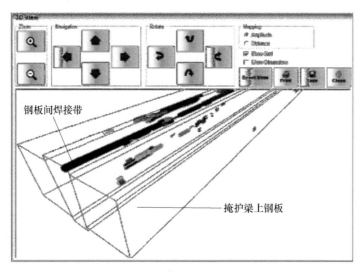

图 5 -9　掩护梁探伤三维图像输出界面

结果分析：掩护梁焊接带存在两种形式的损伤：一是焊接带内部由于焊接质量不可靠而存在的具有贯通趋势的微裂隙；二是焊接带表面由于顶板周期性压力作用形成的已经贯通的裂隙。这两种裂隙，尤其是表面已贯通裂隙，如果不采取相应技术措施，将导致两种裂隙彼此间的相互贯通，从而形成焊接带整体开裂，使焊接带完全失去承压能力，影响支架支撑性能，导致煤壁上方承受高强度剪切载荷而引起煤壁片帮。

5.3.2.2 综放支架液压系统故障检测技术

故障诊断的方法很多，可按诊断对象的类别来分，也可按所利用的状态信号的物理特性来分等。根据国际故障诊断权威——德国的 P. M. Drank 教授的观点，所有的故障诊断方法可划分为基于解析模型的方法、基于信号处理的方法及基于知识的方法三种。根据常规诊断方法的不同技术特点，可分为传统的简易诊断技术、参数检测法、油液分析法、故障树分析（FTA）方法、振动诊断技术、超声检测诊断法等。

（1）传统的简易诊断技术：过去设备故障诊断方法采用简易诊断技术，又称主观诊断法，指的是依靠简单的诊断仪器、仪表、感官（望、闻、问、听、摸），凭借个人的实践经验，判断故障的原因和发生的部位。常用的方法有感官诊断法、方框图分析法、系统图分析法等。这种诊断方法因所用监测诊断技术和设备简单、易操作和费用低而得到广泛应用，但这种方法对人的要求很高，而且诊断结果常带有个人主观倾向。

（2）参数检测法：反映液压系统工作性能的主要参数是压力、流量、泄漏量、温度和液压马达的转速等，测量这些参数就可对液压系统的故障进行诊断和预防。此种方法可进行在线状态监测和故障诊断，并可对故障进行定量分析，是一种较好的诊断方法。目前应用此种方法大多是对压力信号进行测量，通过对其进行机理分析，来进行故障诊断。但安装压力传感器对系统信号产生干扰，所以只是在某些关键部件两侧进行压力测量，这样就可能出现"漏诊"和"虚诊"现象。此种方法还需进一步发展。

（3）油液分析技术：据统计，液压系统的故障有 70% 以上是由于油液污染所致。油液分析技术是通过分析液压系统中的油样，分离和析出系统中各种磨损微粒和污染微粒，鉴别出这些微粒的数量、形状、颜色、成分以及分布规律。根据这些信息就可判断出系统中元件的磨损部位、形式、程度。它包括铁谱分析和光谱分析技术。此种方法对油液的污染分析和评价都有很大意义，但所用设备成本较高，限制了其应用推广。

（4）故障树分析（FTA）方法：故障树是表示液压系统故障及液压元件故障之间的逻辑结构图。根据液压系统使用中的主要故障与其各子系统故障之间因果关系的有向树，将系统故障形成原因由总体到部分按树枝状逐级进行细化分析，最终确定故障。可判明故障原因、影响和发生概率。此法理论性强，逻辑缜密。

在一般的故障树定量分析中，不但要求故障事件表达要清楚明确，还要精确确定顶事件和底事件的概率值，这些概率值的确定却是一般故障诊断推理的瓶颈问题。由于这些概率值有很强的不确定性，在一般的故障树定量分析中利用的概率值是根据专家的经验和元件的可靠性指标提出的。实际上，这些概率值受很多因素的影响，它们不仅受到元件本身的材料性能和制造质量影响，还受到安装质量、使用维护情况等影响。因此用这种概率值进行精确的故障树分析其方法本身就存在着一定的缺陷。而且故障树的建立往往是很困难的，对于一个复杂的液压系统，故障树的建立十分困难、耗时，有的甚至要建数年，而且不同的人建立的故障树也不一样，因所列举的系统故障种类不同，有可能会漏掉重大的元件故障。

（5）振动诊断技术：振动诊断是根据这样一个原理：系统状态的改变将影响系统上测得的振动信号的改变。此种方法已成功地应用于旋转设备故障诊断中，在应用于液压系统故障诊断中，对液压泵的故障诊断取得了很好的效果，但对其他元件的故障诊断很少有文献论述，原因是液压系统是机电液一体化的复杂系统，其振动信号里包含了大量的噪声，既含有结构振动，也含有流体振动，这使得信号处理非常复杂。随着信号处理技术的发展，振动诊断技术应该能够得到进一步的发展。

（6）超声检测诊断法：机械振动在介质中的传播过程叫做波，人耳能够感受到频率高于 16Hz、低于 20000Hz 的弹性波，所以在这个频率范围内的弹性波又称为声波。频率小于 10Hz 的弹性波又称为次声波，频率高于 20000Hz 的弹性波叫做超声波。次声波和超声波人耳都不能感受。

井下环境恶劣且生产地质条件复杂，支架液压系统元件使用寿命短，泄漏故障率高且难以被人们通常的视觉、触觉、听觉所直观发现，由内部泄漏而引起的支架液压系统内部串液尤为如此。由于流体的连续性和压力传动的均布性使液压系统故障的因果关系难于观察清楚，故障的某些征兆有相当的复杂性和隐蔽性，往往难以依靠传统的感官和经验进行液压支架泄漏故障诊断。这就需要对支架液压系统泄漏故障的特征信号进行提取和分析，找出支架液压系统泄漏故障的快速、准确分析方法和诊断手段。

液压支架的泄漏有"外"、"内"泄漏之分。"外"泄漏是指液压支架表面，所能看见的液压系统密封不好或破损造成的乳化液向外界泄漏；"内"泄漏是指支架液压系统内部，不能看见的阀、立柱、千斤顶等部件的内泄、串液。对这两种不同形式的泄漏，应采用不同的传感器及方法加以检测。

监测液压系统泄漏的技术及检测方法有许多，如压力检测、流量监测、噪声检测、振动检测等，利用它们与液压系统状态相关性强、对异常现象反应灵敏，而且能定量分析和判断的特点，采用不同的仪器和方法，对液压系统泄漏进行综合诊断应该是首选方法。根据支架液压系统内部压力高，发生泄漏时会引起高压射流和液体流动，而高压射流在泄漏处会产生频带较宽的噪声信号，其频带从音频到超声范围的特点，把噪声、压力和振动作为诊断的特征参数。因此，根据液压支架"内"、"外"泄漏特征不同可采用不同的检测手段。

"外"泄漏检测原理：对于液压系统，泄漏基本上是由于密封失效或破坏而引起的，因液压系统内外压差很大，泄漏液体的雷诺数一般较高，不会形成层流，而是形成了射流。对于射流，由于射出液体的速度较周围气体速度大得多，所以周围的气体会不断地被卷吸进流动区域，因而会不断地形成漩涡。这样在其喷射空间分布着无数大小和形状各异的漩涡，这些漩涡在靠近泄漏处的空间范围内，受液体不断喷射的影响，不断地发展、破裂和产生新的漩涡。根据涡动力学理论，涡就是流体的声音，关于射流产生波的研究，Lighthill 早在 1952 年就有论述。高压液体泄漏致使附近区域气体产生漩涡，而漩涡又转变为声波，也就是泄漏产生超声波。由于泄漏所产生的超声波大多为高频成分，当检测超声波时，环境噪声干扰较小，利用超声波传感器对普通环境噪声不敏感的特点，可采用超声波传感器检测高压液体通过小孔、狭缝时所发出的通过空气传播的超声波，从而找出泄漏位置。

"内"泄漏检测原理：在支架液压系统内部，阀、立柱、千斤顶等部件发生内泄漏，液体由高压腔向低压腔流动而引起串液，超声波传感器此时就无能为力了，因为这时支架外部并无液体喷射出来。这里需用高灵敏度压电加速度传感器来拾取高压液体因射流摩擦在泄漏缝隙处产生的振动和噪声信号，或者高速流体喷射到对面零件上引起的振动和噪声信号，经信号匹配网络、电荷放大器放大后，送滤波器，经包络解调后通过液晶显示出来。

综上所述，综放支架液压系统故障检测的原理是[126~130]：通过拾取分析支架泄漏产生的高频声波和振动信号实现支架液压系统故障的检测和准确定位，运用概率论的信号检测接收机原理，研制出液压泄漏故障的本安隔爆型检测仪。

支架液压系统故障检测技术研究的关键问题是故障检测仪的研发。首先需要在实验室建立支架液压模拟系统，如图 5 - 10 所示。

针对不同液压元件、不同泄漏程度进行泄漏故障检测独立重复试验，基于概率论的信号接收机原理，得出信号接收机表达式为：

$$\gamma \cong \max_i \exp\left(\frac{2q_i^2 E_{av}/(N_0^2 T)}{1 + E_{av}/N_0}\right) > \gamma_t \qquad (5-18)$$

经过同一液压元件不同泄漏程度重复多次试验，得出该液压元件在不同泄漏程度条件下的频谱图像。

例如，密封圈截掉 2/5、1/5 条件下，根据上述模拟液压系统，运用频谱分析仪采集不同泄漏程度条件下的频谱信号，得到图 5 - 11 所示结果。

通过频谱信号分析处理可得到：液压系统出现泄漏时，其频带宽度在 10 ~ 19kHz 之间变动。这为液压故障检测仪的设计提供了理论基础。

不同泄漏程度条件下故障检测仪泄漏信号当量强度试验过程如图 5 - 12 所示。

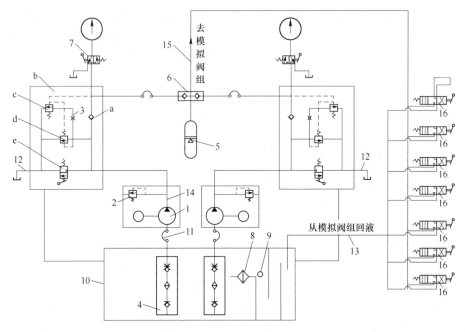

图 5-10　模拟液压系统

1—乳化液泵；2—安全阀；3—自动泄压阀组；4—吸液过滤器和断路器；5—蓄能器；

6—交替双进液阀；7—压力表开关；8—过滤槽；9—磁性过滤器；10—液箱；11—吸液软管；

12—卸载回液管；13—主回液管；14—排液管；15—主供液管；16—模拟阀组

a—单向阀；b—节流阀；c—先导阀；d—自动卸载阀；e—手动卸载阀

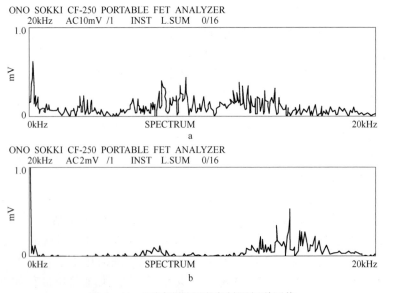

图 5-11　不同泄漏程度密封圈频谱图像

a—密封圈截掉 2/5 时频谱图像；b—密封圈截掉 1/5 时频谱图像

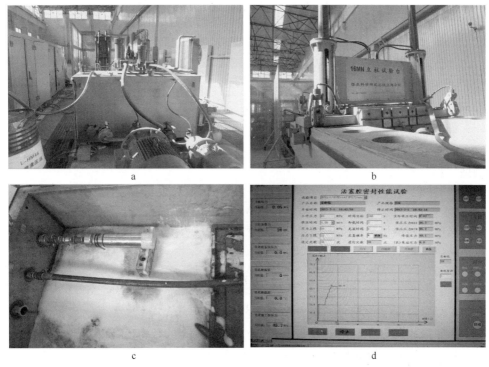

图 5 – 12　支架液压系统泄漏故障试验过程

a—支架液压泄漏试验现场；b—支架立柱液压系统泄漏试验；

c—支架安全阀液压系统泄漏试验；d—泄漏试验计算机控制系统

　　根据实验室泄漏试验所测出的 10 ~ 19kHz 的频带范围，设计确定滤波器的电路参数，有效滤除低频成分，由此来检测高压液体的泄漏。因此我们可以确定，液压支架高压液体泄漏时产生的高频声波特征信号位于载波频率 f_c 附近带宽 B（其功率谱密度为 N_0）为 10 ~ 19kHz 的频带之内，并且这个信号是随着时间逐渐衰落的。所以可以假设支架液压泄漏声波信号为一个弱平稳的随机过程，其振幅的衰落符合瑞利衰落幅度，设信号符合以下假设：

$$r(t) = \begin{cases} A\cos(\omega t + \theta) + n(t) & 0 \leqslant t \leqslant T \\ n(t) & 0 \leqslant t \leqslant T \end{cases} \qquad (5-19)$$

式中　A——信号幅度，为符合瑞利密度的一个未知量。

　　假定载波相位角 θ 未知，且是一个均匀分布的随机变量，在未知的多普勒频率 f_D 的作用下，假设信号的似然比可以表达成下式：

$$\lambda[\tilde{r}(t) \mid \omega_D] = I_0(2Aq/N_0)\exp(-A^2T/2N_0) \qquad (5-20)$$

式中　$I_0(\gamma)$——第一类零阶修正贝塞尔函数，$I_0(0) = 1$；

　　　　$\tilde{r}(t)$——假设信号的复包络；

ω_D——多普勒频移处理为相位 $\phi(t)$ 的频率，即 $\phi(t) = \omega_D t$；

q——检验统计量；

N_0——带宽 B 内的功率谱密度；

$A^2T/2$——假设信号的能量表达式。

对未知多普勒频率 f_D 假定某些密度，并在此密度上为似然比式（5-20）的期望设置门限，可以得到针对假设信号式（5-19）的接收机表达形式。

例如假设在 $f_L \leqslant f_D \leqslant f_U$ 的范围内取某个指定密度 $p(f_D)$。将频率范围离散为以 f_i 为中心、以 δf 为宽度的 $M = (f_U - f_L)/\delta f$ 个单元，由此可以写出式（5-20）的期望：

$$\varepsilon(\lambda) = \delta f \exp\left(-\frac{A^2T}{2N_0}\right) \sum_{i=1}^{M} p(f_i) I_0\left(\frac{2Aq_i}{N_0}\right) \tag{5-21}$$

又由于假设信号幅度 A 是符合瑞利密度选择的未知量，所以式（5-21）可以以 A 为变量对式（5-20）求期望：

$$\varepsilon(\lambda) = \delta f \left(1 + \frac{E_{av}}{N_0}\right)^{-1} \sum_{i=1}^{M} p(f_i) \exp\left[2\left(\frac{q_i E_{av}}{N_0^2 T}\right) \middle/ \left(1 + \frac{E_{av}}{N_0}\right)\right] \tag{5-22}$$

式中 E_{av}——假设信号能量的期望值，$E_{av} = A_0^2 T$。

由于原先假设了多普勒频率具有均匀密度，那么可以将式（5-22）中的常数量折算进门限，则假设信号的接收机形式就要有以下形式：

$$\gamma = \sum_{i=1}^{M} \exp\left[\frac{2q_i^2 E_{av}/(N_0^2 T)}{1 + E_{av}/N_0}\right] > \gamma_t \tag{5-23}$$

若有假设信号的信噪比很大的情况下，则对应于信号的频率单元的参量 q_i 就能决定式（5-23）中的和。此时求和的结果近似等于其最大项，接收机式（5-23）的形式可以变为：

$$\gamma \cong \max_i \exp\left(\frac{2q_i^2 E_{av}/(N_0^2 T)}{1 + E_{av}/N_0}\right) > \gamma_t \tag{5-24}$$

将常数折算进门限，则式（5-24）可以简化成：

$$\gamma' = \max_i q_i > \gamma_t' \tag{5-25}$$

该接收机可以用图 5-13 表示。

图 5-13 假设信号的检测接收机

由上述原理，得到故障检测基本电路组成为：

（1）传感器信号匹配。任何一压电式传感器，包括加速度传感器和超声换能器，在其谐振频率附近均可由图 5-14 来等效。其中 C_0 为静态电容，C_1、L_1、R_1 为动态电容、电感和电阻。一般来说，C_1、L_1、R_1 为频率的函数，所测得的值是其在谐振频率上的值。

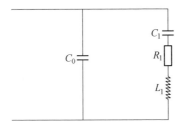

图 5 – 14   压电传感器谐振频率附近等效电路图

由于 C_0 的影响，传感器在其谐振频率附近工作时整个电路呈电容性，故一般用电感进行匹配。其中并联电感最简单，只需并联电感上的值满足 $LC_0 = 1/W_0^2$，即达到调谐状态，整个电路呈现为一纯阻 R_1，见图 5 – 15。

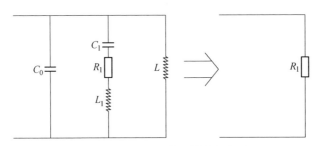

图 5 – 15   并联电感后等效电路图

这样即可达到：1）调谐，使传感器输出电流和电压同相，以减少电路中的无功分量；2）调阻，要使整个电路的有功电阻和传感器输出阻抗相接近，以达到最佳功率输出的目的。由于压电式传感器检测出的信号强度很弱，传感器所检测信号经过最佳匹配网络后才能输入给电荷放大器，经过放大、滤波、解调后才能进行显示。

（2）电荷放大器。电荷放大器是一种输出电压与输入电荷成比例的前置放大器，它和压电式传感器配合可进行信号的测量。由于压电式传感器与其他类型变换器不同，它对测量电路具有特殊的要求：1）整个仪器测试系统对地绝缘要求很高；2）要采用具有高输入阻抗的放大器。其理由如下：从压电效应的基本理论可知，压电效应属于静电性质的现象，由压电传感器等效电路可知，为了测量传感器所产生的信号，采用一般输入阻抗的运放器是不行的，因为电荷很快就漏掉了，所以要求压电晶体到测量电路的前置放大器之间电荷漏失减少到足够小的程度。

根据压电式传感器呈电容性、要求输入阻抗高的特点：（1）选择具有偏置电流小、低失调漂移和高输入阻抗的放大器作为电荷放大器，这是因为压电器件自身内阻极高，而产生的电荷极其微弱，形成的电流仅为 PA 级，若放大器的输入偏置电流与信号电流量级相同，则信号将被偏流所淹没。根据这一特点，选用

OPAl28 静电级运算放大器用作电荷放大器最为合适。（2）对选用的放大器采用同相输入方式对传感器拾取信号进行第一级放大处理，以确保高输入阻抗的实现，见图 5 - 16。

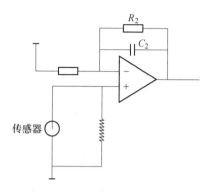

图 5 - 16   电荷放大器电路图

低频截止频率为：
$$1/(2\pi R_2 C_2) = 1/(2\pi \times 500 \times 10^3 \times 33 \times 10^{-12}) \approx 10\text{kHz}$$

电荷放大器的反馈电容 C_2 应尽可能小，以防止微小的漏电电流进入电荷放大器产生误差。为防止噪声电荷干扰，对运放器采用了可靠接地和有效屏蔽。

（3）滤波器。高压液体泄漏是一个随机信号，传感器完成对此信号的拾取和电转换。本仪器采用压电式传感器，该类型传感器输出的信号比较微弱且含有噪声，需要在放大的基础上进行滤波处理，故第二级为放大器兼低通滤波器，由 UA776 及外围电路组成，见图 5 - 17。依据前述模拟泄漏实验所测出的 10 ~ 19kHz 的频带范围，考虑到信号的低频幅值高于高频幅值，设计确定滤波器的电路参数，有效滤除低频部分，由此来检测高压液体的泄漏。

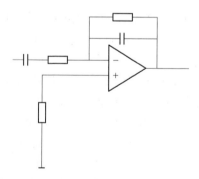

图 5 - 17   放大器兼低频滤波器电路图

其高频截止频率选定为：
$$1/(2\pi R_4 C_4) = 1/(2\pi \times 2 \times 10^3 \times 2000 \times 10^{-12}) \approx 40\text{kHz}$$

由上可知，整个放大器的频带为 10~40kHz，既包含了高压泄漏产生信号的频域，同时又有滤除液压系统低频噪声的作用。

如图 5-18 所示，经过放大、滤波后的信号是衰减振荡信号。由于信号交流变化，信号为正时，二极管正向导通，电容 C 充电，电容两端电压上升。上升到输出电压大于输入电压时，二极管截止，电容 C 通过 R 放电，放电的快慢取决于时间常数 τ，$\tau = RC$。直到输入电压处于第二个周期正半周时，此时二极管再次导通，电容 C 又开始充电，这种循环不断重复，电容 C 又不断充放电，电容两端电压也就不断变化。由于电容两端电压不会发生突变，所以这一过程是缓慢的，输出在变化过程中不再包含载波信号的高频成分，而只有信号中的低频成分，构成重复输入信号的一包络线。由于解调输出的是低频模拟信号，故可直接进行显示处理。

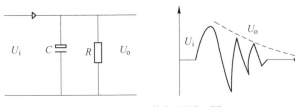

图 5-18   包络解调原理图

由上述模拟液压系统和基本电路组成，根据 ZF15000/27.5/42 型综放支架液压系统进行参数设置，得到液压支架泄漏信号当量强度值，见表 5-3。

表 5-3   泄漏信号当量强度值

故障类别	泄漏信号当量强度值（Z）
无泄漏故障	$Z \leqslant 300$
轻微泄漏故障	$300 < Z \leqslant 500$
中度泄漏故障	$500 < Z \leqslant 1400$
严重泄漏故障	$Z > 1400$

表 5-3 即为实验室得到的 ZF15000/27.5/42 型综放支架液压元件泄漏程度判别标准。

5.4   本章小结

本章综合理论计算和试验室试验实测，系统研究了煤壁片帮与支架系统可靠性及支架故障检测之间的互馈关系，提出煤壁片帮控制"固液同步型"支架故障检测技术，主要结论为：

（1）基于共因失效计算模型得到的大采高综放支架故障发生概率离散化计

算公式为：

$$P_s^{r/n} = C_n^r \sum_i \left[p(x_{ei}) \right]^r \left[1 - p(x_{ei}) \right]^{n-r} f_1(x_{ei}) \Delta x_{ei}$$

由于该模型同时考虑了顶板载荷的随机性和支架元件性能的分散性，支架故障发生概率计算结果更加可靠，从而使支架系统可靠性计算结果更加准确。

（2）"固液同步型"支架故障检测技术主要包括：支架固体构件超声相控阵无损探伤技术和支架液压元件 YHX 型无损检测技术。"同步型"的基本含义是在同一矿压周期、同一采煤循环、同一地点对同一支架进行固体构件和液压元件同步检测。

（3）综放支架超声相控阵无损探伤原理：延时激励调节各振元初始相位，形成波振面的偏转或聚焦，扫描被测试件，得到被测试件的三维立体成像，判定缺陷形状、位置及发展趋势。

（4）支架液压系统故障检测原理：通过拾取分析支架泄漏产生的高频声波和振动信号实现支架液压系统故障的检测和准确定位，运用概率论的信号检测接收机原理，即：

$$\gamma \cong \max_i \exp\left[\frac{2q_i^2 E_{av}/(N_0^2 T)}{1 + E_{av}/N_0} \right] > \gamma_t$$

成功研制了 YHX 型液压泄漏故障的本安隔爆型检测仪，对支架液压系统进行无损检测。

6

同忻矿8107大采高综放面煤壁片帮控制现场工程实践

本书前5章对煤壁前方塑性区分布规律、不同硬度煤体片帮机理、大采高综放面煤壁片帮关键影响因素、煤壁片帮控制的"固液同步型"支架故障检测方法等内容进行了重点研究，本章结合前述内容，对同忻煤矿8107综放面煤壁片帮控制实践进行了系统介绍，并重点对比分析了不同故障率区段和支架故障检修前后煤壁片帮控制效果，指出"固液同步型"故障检测对煤壁片帮控制的积极作用。本章还利用C＋＋语言编写程序，开发出一套大采高综放开采煤壁片帮安全评价系统，简述了该系统的设计构思及操作程序，并结合三个典型矿井煤壁片帮预警结果对该系统进行了准确性检验。

6.1 基于"固液同步型"故障检修实践煤壁片帮控制效果探析

6.1.1 ZF15000/27.5/42型综放支架"固液同步型"故障检测方案设计

综放支架"固液同步型"故障检测方案如图6-1所示。图6-1中，一个支架为一个测点，每个测点均需保证在同一矿压周期、同一采煤循环、同一地点完成支架固体构件无损探伤和支架液压元件YHX无损检测。图6-1中测站是为研究不同故障率和支架故障检修前后煤壁片帮控制效果而设计的，主要用

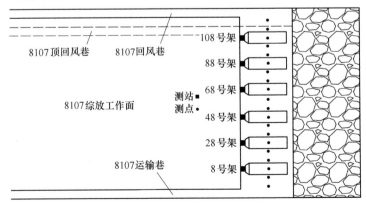

图6-1 "固液同步型"故障检测及支架—围岩动态观测综合方案

于支架—围岩动态观测。

"固液同步型"故障检测分为对液压支架固体构件的无损探伤和对液压元件的无损检测，两者所使用的检测仪器（图6-2）为：

（1）CTS-602型超声相控阵无损探伤仪，用于固体构件无损探伤；

（2）YHX型支架液压系统故障检测仪，用于液压元件泄漏故障检测。

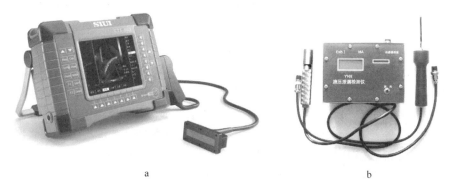

a   b

图6-2 "固液同步型"故障检测相关仪器

a—CTS-602型超声相控阵无损探伤仪；b—YHX型液压泄漏检测仪

综放支架"固液同步型"故障检测主要检测指标见表6-1。

表6-1 "固液同步型"故障检测及支架—围岩动态观测内容、目的及手段

序号	检测（观测）内容	检测（观测）目的	检测（观测）手段
1	综放支架掩护梁、侧护板及立柱等固体构件内部砂眼、微裂隙等的检测	检测支架固体构件损伤情况并评价支架工况	CTS-602型超声相控阵无损探伤仪
2	综放液压支架的立柱以及片阀等液压泄漏状况	检测支架液压系统的故障并判断其工作状况	YHX型液压支架泄漏检测仪
3	冒高高度与范围、端面距、片帮深度与范围、采煤高度和顶梁台阶	判断顶板稳定性和支架工况	钢卷尺、直尺
4	支架立柱、顶梁倾斜角度、推运夹角、运输机倾向角	判断支架几何位态状况	坡度规、罗盘
5	支架立柱和平衡千斤顶液压	判断和分析工作面的矿压规律	综放支架压力计算机监测系统

YHX型泄漏检测仪是煤矿井下液压支架的液压系统密封程度的检测仪器，适用于煤矿井下支架液压系统泄漏检测。它采用先进的检测传感技术，应用进口IC电路与晶体管组装，具有体积小、重量轻、准确可靠、操作方便、实用等优点，是一种实用的便携式泄漏检测仪器，它可迅速、准确、直观地找出支架及液

压系统泄漏故障。

（1）仪器调试：YHX 型泄漏检测仪的各项调节工作应在井上调试好。首先将 YHX 型泄漏检测仪和传感器连接好，打开电源开关，此时 YHX 型泄漏检测仪应显示正常初始值。然后用触摸加速度传感器或模拟高频噪声的方法来测试仪器的灵敏度。灵敏度过高会引起自激，灵敏度过低会影响仪器测量效果，这些均要打开仪器重新进行灵敏度调节，直至灵敏度合适，仪器一切正常后方可下井。

（2）仪器操作方法：携带 YHX 型泄漏检测仪到井下综采工作面，首先查找"外泄"情况：接上超声波传感器，打开电源开关，手持探头在支架周围附近挪动，观察 YHX 型泄漏检测仪 LED 发光管电平指示，若电平变化则表示有泄漏，显示检测数值最大处即为泄漏点。然后查找"内泄"情况：关闭电源开关，换上加速度传感器后打开电源开关，将加速度传感器探头接触支架表面，寻找泄漏部位，加速度传感器探头接触某一表面显示检测数值最大处即为内部存在的泄漏点。检测操作方法一般为：先查"外泄"、后查"内泄"，泄漏点的查找，一般是找寻仪器 LED 电平指示所显示的检测数值最大处。

液压支架的故障形式千差万别，影响因素也较多，但最终表现为执行机构不能正常工作。综采工作面实现综采支架故障及时维修和支护质量保持合理的前提是采用一台先进可靠的 YHX 型便携式支架液压系统泄漏故障检测仪，对全工作面支架液压系统泄漏故障定期进行快速准确的检测。

图 6 - 3 为液压系统压力不正常原因诊断图。

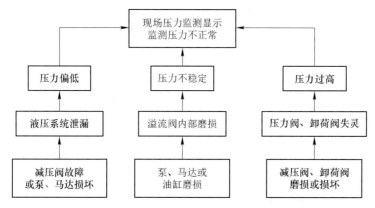

图 6 - 3 液压系统压力不正常原因诊断图

综采支架液压系统泄漏故障一般可以根据泄漏噪声和液压两个参数进行查找和判别，并采取相应措施予以排除。泄漏故障诊断的原则为：有泄漏故障，则有高频噪声或振动信号产生；无泄漏故障，则无高频噪声或振动信号产生。经实验室测试和现场实际检测验证，综放支架液压系统泄漏故障诊断判据用表 5 - 3 表示。

在 YHX 型泄漏检测仪和矿压监测装置监测故障信号与压力参数的基础上，

要能准确地诊断故障，还必须熟悉液压系统的工作原理，液压元件的结构与性能，以及常见故障的征兆、特征等知识，把测量获取的信息通过人或计算机系统进行故障识别，这样才能达到准确监测并预防突发事故的目的。

仪器结构如图6-4所示。

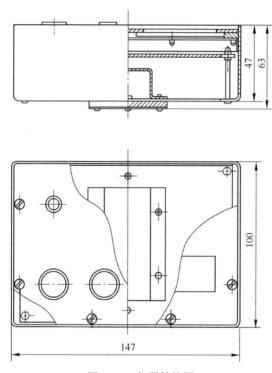

图6-4 仪器结构图

其主要技术参数如下：

（1）灵敏度：声波有效检测距离 >80cm；

（2）频带范围：10~40kHz；

（3）电源：6F22 9V；

（4）最大电流：<180mA；

（5）防爆形式：矿用本质安全型，防爆标志 Ex ibI。

为研究支架"固液同步型"故障检测不同故障率区段和故障检修前后煤壁片帮变化规律，将支架—围岩动态观测指标一同列入表6-1。

6.1.2 液压支架"固液同步型"故障检测结果统计分析

6.1.2.1 综放支架固体构件超声相控阵无损探伤示例

8107综放面支架固体构件常见故障主要分为两种：一种是支架生产加工过

程中的先天性缺陷，如立柱砂眼（见图 5 - 2b）；另一种是综放支架在周期性顶板压力作用下形成的固体构件断裂、撕裂或者焊缝开裂等（见图 5 - 2a、c、d）。

以 8107 综放面 ZF15000/27.5/42 型综放支架焊缝开裂掩护梁为例，给出其超声相控阵无损探伤三维输出图像，并由其判定其内部缺陷发展趋势及不同缺陷间微裂隙的贯通趋势。

从图 6 - 5 所示探伤结果可以直观看出：超声相控阵无损探伤，不仅能检测出支架构件内部微裂隙和表面裂隙，而且内部微裂隙之间及其与构件表面裂隙之间的贯通趋势也能够直观地反映在三维输出图像上，相对于传统超声波探伤，其优势即为能够实现三维成像，检测结果直观可靠。

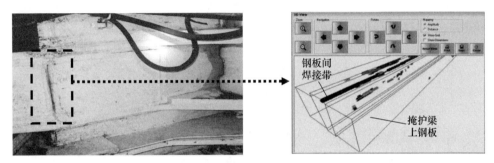

图 6 - 5　焊缝开裂掩护梁超声相控阵探伤结果

通过在 8107 综放面为期 35 天的检测，得到 8107 综放面支架固体构件探伤结果，如表 6 - 2 所示。

表 6 - 2　8107 综放面支架固体构件超声相控阵无损探伤结果统计

关键易损构件		掩护梁	顶梁	侧护板	耳座等链接件	立柱
固体构件损坏类型	内部砂眼或微裂隙	5 架	3 架	0 架	0 架	3 架
	撕裂	0 架	0 架	8 架	0 架	0 架
	断裂	0 架	0 架	0 架	6 架	0 架
	焊缝开裂	18 架	0 架	0 架	0 架	0 架

从表 6 - 2 可知，8107 大采高综放支架固体构件损伤主要是支架掩护梁焊缝开裂，相对于工作面 110 架支架，其比例为 16.4%。掩护梁焊缝开裂容易演变为掩护梁焊缝整体开裂，影响支架支撑特性，从而使煤壁上方承受高剪切应力作用，容易导致工作面煤壁发生严重片帮事故。

6.1.2.2　综放支架液压元件 YHX 型泄漏故障检测结果统计

根据图 6 - 1 所示支架液压系统检测方案，对同忻矿 8107 综放面进行了为期90 天共计三个循环的故障检测工作，图 6 - 6 所示为检测过程中遇到的支架不同液压元件发生严重泄漏故障、中度泄漏故障和轻微泄漏故障现场图片。

a   b

c   d

图 6 - 6　YHX 型支架故障现场检测相关照片

a—96 号架后右立柱单向阀严重泄漏故障（$Z = 1918$）；b—33 号架推溜操纵阀严重泄漏故障（$Z = 1605$）；
c—24 号架前立柱操纵阀中度泄漏故障（$Z = 1286$）；d—72 号架前右立柱单向阀轻微泄漏故障（$Z = 471$）

第一循环检测结果总结：

＊	06 号支架	前立柱底部液压管路轻微外泄；
＊＊	11 号支架	后立柱底部液压管路中度外泄；
＊＊＊	12 号支架	前、后立柱底部液压管路严重外泄；
＊	16 号支架	前右立柱轻微外泄，伸缩梁千斤顶轻微外泄；
＊＊	24 号支架	前右立柱单向阀中度外泄，前立柱操纵阀轻微外泄，后立柱底部液压管路轻微外泄；
＊＊＊	33 号支架	前立柱操纵阀严重内泄，推溜操纵阀中度外泄；
＊＊	39 号支架	前、后立柱底部液压管路中度外泄，抬底千斤顶操纵阀轻微内泄；

***　42 号支架　　前左立柱单向阀严重内泄，后立柱操纵阀轻微内泄；

*　　　43 号支架　　前立柱操纵阀轻微内泄；

***　54 号支架　　护帮千斤顶轻微内泄，推溜拉架千斤顶严重外泄；

**　　56 号支架　　两前立柱之间液压管路中度外泄；

***　60 号支架　　前右立柱单向阀严重外泄（回液时回液管乳化液外泄），
　　　　　　　　　　前立柱操纵阀轻微外泄，抬底千斤顶操纵阀中度内泄，
　　　　　　　　　　护帮千斤顶严重外泄；

*　　　66 号支架　　推溜拉架千斤顶轻微外泄；

**　　72 号支架　　后右立柱轻微外泄，伸缩梁操纵阀中度内泄；

*　　　74 号支架　　推溜拉架千斤顶轻微外泄；

***　79 号支架　　两前立柱间液压管路严重外泄，抬底千斤顶操纵阀轻微
　　　　　　　　　　内泄，掩护梁侧推操纵阀中度内泄；

*　　　81 号支架　　后立柱操纵阀轻微内泄，掩护梁侧推操纵阀轻微内泄；

**　　84 号支架　　前立柱操纵阀中度内泄；

**　　88 号支架　　掩护梁侧推千斤顶中度外泄；两后立柱间液压管路轻微
　　　　　　　　　　外泄；

**　　93 号支架　　后立柱操纵阀中度内泄，掩护梁侧推操纵阀轻微内泄；

***　96 号支架　　后右立柱单向阀严重外泄，后左立柱轻微外泄；

**　　109 号支架　两前柱间液压管路中度外泄，抬底千斤操纵阀顶轻微
　　　　　　　　　　内泄；

*　　　112 号支架　前、后立柱操纵阀轻微内泄。

注：*** 表示应立即安排维修；** 表示尽量及时安排维修；* 表示在以后的检修工作中逐步加以解决。

根据以上整理结果，对 8107 综放工作面液压支架故障进行统计分析，结果如表 6-3 所示。

表 6-3　第一循环检测液压支架故障元件及其泄漏程度统计表

故障元件 \ 故障程度	前、后立柱		千斤顶		操纵阀		单向阀		管路及连接件
	内泄	外泄	内泄	外泄	内泄	外泄	内泄	外泄	外泄
严重故障	0	0	0	2	1	0	1	2	2
中度故障	0	0	0	1	5	1	0	1	4
轻微故障	0	3	1	4	10	2	0	0	3

第一循环结果分析：

（1）通过对 8107 综放工作面液压支架的现场检测，23 架液压支架存在泄漏

故障，占支架总数的19%；从支架故障程度来看，其中严重泄漏故障6架，中度泄漏故障10架，共占支架总数的14%，应进行及时检修。

（2）从故障类型来看，故障支架共有43处液压元件发生泄漏，其中不易发现的内部内泄18处，占故障液压元件的42%，存在严重安全隐患。

（3）从支架故障部件来看，操纵阀故障共19处，主要是内部内泄故障；管路及连接件泄漏故障9处，全部是外泄故障。由此可见，操纵阀内泄与液压管路外泄仍是液压系统泄漏故障检测维修的重点。

第二循环检测结果总结：

***　06 号支架　前立柱底部液压管路严重外泄；

**　11 号支架　后立柱底部液压管路中度外泄；

***　12 号支架　前立柱底部液压管路严重外泄；

*　16 号支架　前立柱轻微外泄，伸缩梁千斤顶轻微外泄；

*　20 号支架　前立柱间液压管路轻微外泄；

**　24 号支架　前右立柱单向阀中度外泄，前立柱操纵阀中度外泄，后立柱底部液压管路中度外泄，掩护梁侧推操纵阀轻微内泄；

**　33 号支架　前立柱操纵阀严重内泄，后立柱底部液压管路严重外泄，推溜操纵阀严重外泄；

*　35 号支架　伸缩梁千斤顶轻微外泄，推溜拉架千斤顶轻微外泄；

**　39 号支架　前、后立柱底部液压管路中度外泄，抬底千斤顶操纵阀中度内泄；

***　42 号支架　前左立柱单向阀严重内泄，后立柱操纵阀轻微内泄；

**　43 号支架　前立柱操纵阀中度内泄；

*　48 号支架　后立柱操纵阀、抬底千斤顶操纵阀轻微内泄；

***　54 号支架　护帮千斤顶轻微内泄，推溜拉架千斤顶严重外泄；

**　56 号支架　两前立柱之间液压管路中度外泄，抬底千斤顶操纵阀轻微内泄；

***　60 号支架　前右立柱单向阀严重外泄（回液时回液管乳化液外泄），抬底千斤顶操纵阀严重内泄，护帮千斤顶严重外泄；

**　64 号支架　前立柱中度外泄，伸缩梁千斤顶轻微外泄；

**　66 号支架　推溜拉架千斤顶中度外泄；

**　72 号支架　前右立柱单向阀轻微外泄，后立柱轻微外泄，伸缩梁操纵阀中度内泄；

**　74 号支架　推溜拉架千斤顶中度外泄；

***　79 号支架　两前立柱间液压管路严重外泄，两后立柱间液压管路轻微外泄，抬底千斤顶操纵阀中度内泄，掩护梁侧推操纵

　　　　　　　　　阀中度内泄；

*	81 号支架	后立柱操纵阀轻微内泄，掩护梁侧推操纵阀轻微内泄；
**	84 号支架	前立柱操纵阀中度内泄，推溜拉架千斤顶轻微外泄；
**	88 号支架	掩护梁侧推千斤顶中度外泄；两后立柱间液压管路轻微外泄；
**	93 号支架	后立柱操纵阀中度内泄，掩护梁侧推操纵阀轻微内泄；
***	96 号支架	后右立柱单向阀严重外泄，后立柱轻微外泄；
*	103 号支架	护帮千斤顶轻微外泄；两后立柱间液压管路轻微外泄；
**	109 号支架	两前柱间液压管路中度外泄，后立柱操纵阀中度内泄，抬底千斤操纵阀顶轻微内泄；
**	112 号支架	前、后立柱操纵阀中度内泄，掩护梁侧推操纵阀轻微内泄。

　　注：*** 表示应立即安排维修；** 表示尽量及时安排维修；* 表示在以后的检修工作中逐步加以解决。

　　根据以上整理结果，对 8107 综放工作面液压支架故障进行统计分析，结果如表 6 - 4 所示。

表 6 - 4　第二循环检测液压支架故障元件及其泄漏程度统计表

故障元件 故障程度	前、后立柱		千斤顶		操纵阀		单向阀		管路及 连接件
	内泄	外泄	内泄	外泄	内泄	外泄	内泄	外泄	外泄
严重故障	0	0	0	2	2	1	1	2	4
中度故障	0	1	0	3	10	1	0	1	6
轻微故障	0	3	1	6	10	0	0	1	4

　　第二循环结果分析：

　　（1）通过对 8107 综放工作面液压支架的现场检测，28 架液压支架存在泄漏故障，占支架总数的24%；从支架故障程度来看，其中严重泄漏故障8架，中度泄漏故障13架，共占支架总数的18%，应进行及时检修。

　　（2）从故障类型来看，故障支架共有 59 处液压元件发生泄漏，其中不易发现的内部内泄 24 处，占故障液压元件的 41%，存在严重安全隐患。

　　（3）从支架故障部件来看，操纵阀故障共 24 处，主要是内部内泄故障；管路及连接件泄漏故障 14 处，全部是外泄故障。此外，从故障程度来看，发生严重泄漏故障的液压元件共有 12 处，其中操作阀泄漏 3 处，管路及连接件泄漏 4 处，共 7 处，占严重故障液压元件总数的 58%。由此可见，操纵阀内泄与液压管路外泄是液压系统泄漏故障检测维修的重点。

　　（4）造成支架液压系统泄漏故障的原因，小部分是泵、管路等液压系统的故障及支柱、千斤顶的机械故障，绝大部分则是由于液压阀故障导致的。液压阀故障的主要原因是阀组件疲劳变形、磨损以及密封件密封不严，造成密封圈和阀的闭锁件失效泄漏。

此次支架泄漏故障的现场检测实践表明：8107工作面支架的故障部位主要集中在操纵阀的内泄、液压管路及连接件的泄漏故障，应加强支架操纵管理，并对故障支架进行及时维修。

第一、二循环支架泄漏故障现场检测实践表明：8107综放工作面支架的故障类型主要为操纵阀的内泄故障、液压管路及连接件的外泄故障，应加强支架操纵管理，并对故障支架进行及时维修。

6.1.3　综放面不同故障率区段煤壁控制效果对比分析

不同故障率区段主要指工作面不同区域故障率不同。本节重点研究不同综放区段不同故障率条件下煤壁片帮控制效果。

首先将工作面划分为五个分区：5～25号（工作面下部区域）、26～50号（工作面中下部区域）、51～75号（工作面中部区域）、76～100号（工作面中上部区域）、101～115号（工作面上部区域）。

对比图6-7和图6-8可知，8107综放工作面片帮冒顶累计次数与综放支架故障率成正相关：

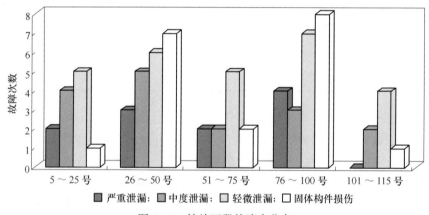

图6-7　综放区段故障率分布

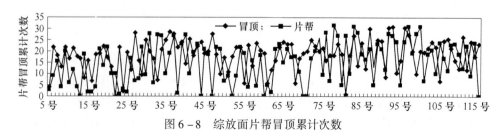

图6-8　综放面片帮冒顶累计次数

（1）工作面中上部区域和中下部区域支架液压系统故障率和支架固体构件故障率相对较大，而上述两个区域对应的片帮冒顶累计次数也较多；

（2）工作面剩余三个区域支架液压系统故障率和支架固体构件故障率相对较小，其对应的片帮冒顶累计次数也较少。

说明8107综放面煤壁片帮和顶板冒漏的主要影响因素是支架故障，尤其是支架掩护梁焊缝开裂和支架液压系统严重泄漏，导致支架支撑能力降低、工作阻力不足。

6.1.4　支架"固液同步型"故障检修前后煤壁控制效果对比分析

6.1.4.1　故障检修前后综放支架故障指标对比

故障检测第二循环结束后，对在第一和第二循环检测过程中发现的严重故障及部分中度故障进行了维修，主要维修元件见表6－5。

表6－5　8107综放面液压支架故障维修统计结果

单向阀	操作阀	管路及连接件	千斤顶	重新焊接掩护梁	耳座更换	焊接支架撕裂部件
5个	13个	9个	2个	9架	3个	7处

第三循环检测结果总结（故障检修后检测结果）：
* ＊　　　11号支架　　后立柱底部液压管路轻微外泄；
* ＊　　　16号支架　　前右立柱轻微外泄；
* ＊　　　24号支架　　后立柱底部液压管路轻微外泄；
* ＊＊＊　33号支架　　前立柱操纵阀严重内泄，后立柱操纵阀中度内泄，后立柱底部液压管路轻微外泄；
* ＊　　　42号支架　　前左立柱单向阀轻微内泄；
* ＊　　　56号支架　　两前立柱之间液压管路轻微外泄；
* ＊＊＊　60号支架　　前右立柱单向阀严重外泄（回液时回液管乳化液外泄），前立柱操纵阀轻微外泄，护帮千斤顶轻微外泄；
* ＊＊＊　79号支架　　两前立柱间液压管路严重外泄，抬底千斤顶操纵阀轻微内泄；
* ＊　　　93号支架　　掩护梁侧推操纵阀轻微内泄；
* ＊　　　109号支架　　两前柱间液压管路轻微外泄，抬底千斤顶操纵阀轻微内泄；
* ＊　　　112号支架　　前、后立柱操纵阀轻微内泄。

注：＊＊＊表示应立即安排维修；＊＊表示尽量及时安排维修；＊表示在以后的检修工作中逐步加以解决。

根据以上整理结果，对8107综放工作面液压支架故障进行统计分析，结果如表6-6所示。

表6-6 第三循环检测液压支架故障元件及其泄漏程度统计表

故障元件 故障程度	前、后立柱		千斤顶		操纵阀		单向阀		管路及 连接件
	内泄	外泄	内泄	外泄	内泄	外泄	内泄	外泄	外泄
严重故障	0	0	0	0	1	0	0	1	0
中度故障	0	0	0	1	1	0	0	0	1
轻微故障	0	1	0	1	1	2	0	1	2

第三循环结果分析：

（1）通过对8107综放工作面液压支架的现场检测，10架液压支架存在泄漏故障，占支架总数的9%；从支架故障程度来看，其中严重泄漏故障2架，中度泄漏故障2架，共占支架总数的4%。

（2）从故障类型来看，故障支架共有12处液压元件发生泄漏，其中不易发现的内泄3处，占故障液压元件的25%。

（3）从支架故障部件来看，操纵阀故障共5处，主要是内泄故障；管路及连接件泄漏故障3处，全部是外泄故障。由此可见，操纵阀内泄与液压管路外泄相比第一和第二循环检测时故障率明显下降。

对于支架固体构件，由于第二循环结束后对其进行了系统的维修，且第二循环和第三循环间隔时间较短，所以在第三循环中没有发现支架固体构件严重故障情况。

为了说明支架故障检修对综放面煤壁控制的积极作用，首先对故障检修前后支架故障指标进行对比。故障指标主要包括故障检修前后故障率、故障检修前后故障类型及故障检修前后故障程度三个指标。

综放面进行了三个循环的故障检测，并在第二循环完成后对支架故障进行检修，故障检修前后故障率对比结果见图6-9。

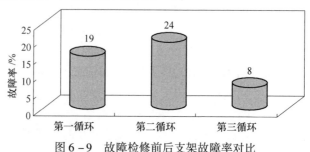

图6-9 故障检修前后支架故障率对比

故障检修前后故障率对比结果可以直观地反映综放面支架故障变化情况，但不能反映不同液压元件故障变化程度。为此统计故障检修前后支架故障类型变化情况和故障检修前后支架故障程度变化情况，其统计结果分别如图 6 - 10 和图 6 - 11 所示。

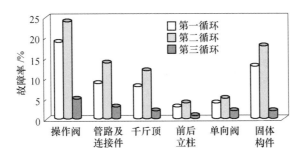

图 6 - 10　故障检修前后支架故障类型对比

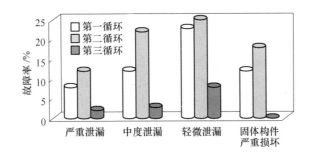

图 6 - 11　故障检修前后支架故障程度对比

从图 6 - 9 ~ 图 6 - 11 可知，故障检修后综放支架液压系统故障和固体构件损伤故障都得到明显控制：故障率可控制在 8% 范围内，液压系统严重泄漏故障明显减少，并且支架没有出现固体构件严重损坏现象。总体而言，支架故障检修有效地控制了支架故障率，并避免了支架严重故障的发生。

研究支架故障率是为研究支架故障检修对综放面煤壁片帮的控制效果而进行的。下文重点介绍支架故障检修前后煤壁片帮控制效果对比。

6.1.4.2　故障检修前后煤壁稳定性控制对比

在第 3 章中就已经指出，综放支架保持其支护可靠性、充分发挥其支护能力、避免煤壁承受高剪切应力作用是控制煤壁发生片帮的主要研究方向。因此，本节首先通过 8107 综放面周期来压步距变化情况研究故障检修前后支架液压信息变化规律。首先统计 8107 综放面支架—围岩动态观测结果，如图 6 - 12 所示。

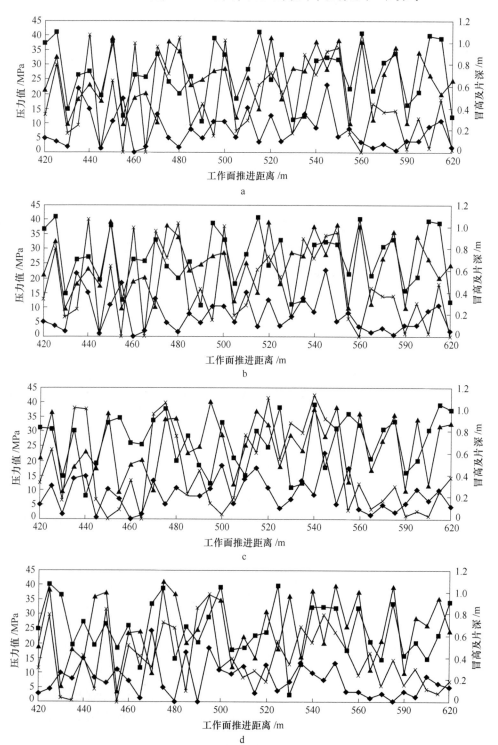

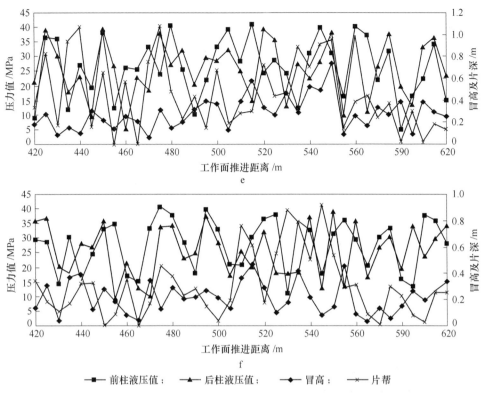

图 6 – 12 故障检修前后支架—围岩动态观测结果（560m 处进行故障检修）

液压信息及冒顶片帮信息：a—8 号支架；b—28 号支架；c—48 号支架；

d—68 号支架；e—88 号支架；f—108 号支架

图例说明：■ 前柱液压值；▲ 后柱液压值；◆ 冒高；✕ 片帮

A 故障检修前后周期来压步距变化规律

根据支架—围岩动态观测结果，综放支架故障检修（在推进 560m 位置）前后 8107 综放面来压步距统计结果见表 6 – 7。具体结论为：

（1）同煤国电同忻煤矿 8107 综放工作面老顶周期来压步距平均值为 18.42m；

（2）8107 综放工作面老顶周期来压步距在综放支架故障检测前（前 6 次周期来压）变化较大，最大值达到 29.13m，而最小值为 8.92m，最大值是最小值的 3.3 倍，顶板载荷随机性较大，要求工作面支架必须具有较高的可靠性，才能满足和适应周期来压的各种变化；

（3）故障检修后的 2 次周期来压步距变化不大，且接近周期来压平均值。

表 6 – 7 8107 综放面液压支架故障元件及其泄漏程度统计表

架　　号		8 号	28 号	48 号	68 号	88 号	108 号	平均
老顶周期来压步距/m	周期 1	26.80	29.34	30.65	28.46	30.88	28.65	29.13
	周期 2	16.34	17.68	19.80	18.20	20.01	17.17	18.20

架 号		8号	28号	48号	68号	88号	108号	平均
老顶周期来压步距/m	周期3	26.10	27.20	27.01	26.21	27.89	26.39	26.80
	周期4	13.01	15.10	14.12	12.31	15.10	14.66	14.05
	周期5	8.01	9.12	8.90	10.03	8.95	8.51	8.92
	周期6	12.23	13.52	14.21	12.78	14.81	12.91	13.41
	周期7	15.45	16.96	15.32	15.98	17.21	16.58	16.25
	周期8	19.81	21.22	20.18	19.47	20.98	19.24	20.15
8次周期来压平均值/m		17.22	19.07	18.77	18.13	19.48	18.01	18.42

周期来压变化结果表明，综放支架故障检修后，周期来压步距趋于平稳，来压步距分散程度减小，避免了周期来压步距较大引起的顶板大面积悬露，从而避免了支架工作阻力出现急剧增大。

故障检修前后工作面周期来压步距统计结果表明：支架故障检测虽然不能从根本上控制周期来压步距大小，但可以使周期来压步距均匀化，避免综放支架受力过大出现故障而影响支架支撑性能，从而避免煤壁上方承受高剪切应力作用。

B 故障检修前后煤壁片帮控制效果统计

图6-13表明，支架故障检修对控制煤壁片帮具有积极作用：故障检修前，片深大于1m的比例达到8%，而故障检修后这一比例降低为0；故障检修前片帮大于0.5m的比例为32%，而故障检修后这一比例降为13%；故障检修后片帮多为片深小于0.25m的轻微片帮，对工作面正常开采影响较小。

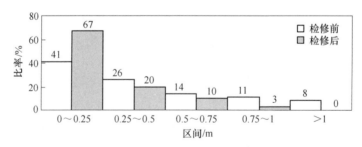

图6-13 支架故障检修前后端面煤岩体片帮状况对比

6.1.4.3 综放端面煤岩体控制效果与相关支护参数的回归分析

由冒（漏）顶、片帮状况和支架几何位态信息观测结果可知，冒（漏）顶、片帮状况和支架几何位态有一定的关系，而且受支架液压大小的影响，为分析冒（漏）顶、片帮状况与支护参数相关性关系，引入回归分析的方法。回归分析研究变量之间的非确定关系，研究一个随机变量与一个（或几个）可控变量之间的相关关系的统计方法。

一元线性回归模型：

$$E(y) = \mu(x) = a + bx$$
$$y \sim N(a + bx, \sigma^2); \varepsilon \sim N(0, \sigma^2)$$

计算参数 a、b 的计算公式如下：

$$a = \bar{y} - b\bar{x}$$

$$b = \frac{\displaystyle\sum_{i=1}^{n} x_i y_i - n\bar{x}\bar{y}}{\displaystyle\sum_{i=1}^{n} x_i^2 - n\bar{x}^2}$$

回归结果 r 检验法：

$$Lxx = \sum_{i=1}^{n} x_i - n\bar{x}$$

$$Lyy = \sum_{i=1}^{n} y_i - n\bar{y}$$

$$Lxy = \sum_{i=1}^{n} x_i y_i - n\bar{x}\bar{y}$$

$$r = \frac{Lxy}{\sqrt{Lxx \cdot Lyy}}$$

$|r| = 0$ 时，$b = 0$，此时回归直线方程为 $y = a$，这说明 y 与 x 之间不存在线性相关关系。

$|r| = 1$ 时，此时 (x_i, y_i) $(i = 1, 2, \cdots, n)$ 完全在回归直线 $y = a + bx$ 上，即 y 与 x 之间存在着确定的线性函数关系。

$0 < |r| < 1$ 时，说明 y 与 x 之间存在着一定的线性相关关系。

当 $|r|$ 越接近 0 时，y 与 x 之间的线性相关程度就越小，当 $|r|$ 越接近 1 时，y 与 x 之间的线性相关程度就越高。

若 $r > r_\alpha(n-2)$ 说明回归效果显著。查表得：$r_\alpha(n-2) = r_{0.01}(48) = 0.3631$。一元非线性回归可以通过变量代换，转化为一元线性回归处理。常用的一元非线性函数线性化的方法如表 6-8 所示。非线性回归流程图如图 6-14 所示。

表 6-8　常用的一元非线性函数线性化的方法

名　称	定　义	线性化方法
倒幂函数	$y = a + b/x$	令 $v = y$，$u = 1/x$，则 $v = a + bu$
双曲线函数	$1/y = a + b/x$	令 $v = 1/y$，$u = 1/x$，则 $v = a + bu$
幂函数	$y = ax^b$	令 $v = \ln y$，$u = \ln x$，则 $v = \ln a + bu$
指数函数	$y = ae^{bx}$	令 $v = \ln y$，$u = x$，则 $v = \ln a + bu$

续表6－8

名　称	定　义	线性化方法
倒指数函数	$y = ae^{b/x}$	令 $v = \ln y$，$u = 1/x$，则 $v = \ln a + bu$
对数函数	$y = a + b\ln x$	令 $v = y$，$u = \ln x$，则 $v = a + bu$
S型曲线	$y = 1/a + be^{-x}$	令 $v = 1/y$，$u = e^{-x}$，则 $v = a + bu$

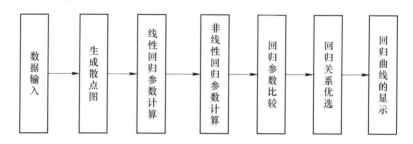

图6－14　非线性回归流程图

本书分别以端面煤岩体冒高和片深为控制目标，以影响控顶效果及片帮状况的支护参数（包括端面距、顶梁台阶、顶梁俯仰角、支架液压）为自变量，对观测参数进行回归分析，回归分析所得的方程可为支护参数的确定提供参考。如表6－9所示，相关系数 r 反映了冒（漏）顶、片深与相关因素之间的相关程度。

表6－9　不同函数回归关系相关系数 r 对比

r 值	直线	指数函数	多项式（2次）	多项式（3次）	幂函数	对数函数
冒高－端面距	0.8864	0.6847	0.8134	0.8256	0.6324	0.8029
冒高－顶梁台阶	0.7652	0.8678	0.7485	0.7512	0.6723	0.5984
冒高－顶梁俯仰角	0.5745	0.5579	0.7872	0.6984	0.6176	0.6578
冒高－支架液压	0.7564	0.7234	0.7121	0.7435	0.8124	0.7234
片深－端面距	0.8543	0.8123	0.7134	0.7458	0.8041	0.7920
片深－顶梁台阶	0.7282	0.8783	0.7652	0.7930	0.6123	0.6234
片深－顶梁俯仰角	0.5124	0.5423	0.7825	0.6765	0.5239	0.5140
片深－支架液压	0.7432	0.7689	0.7762	0.8238	0.9023	0.8145
冒高－片深	0.8654	0.7544	0.6812	0.7051	0.7124	0.7903

冒漏顶片深与支护参数的回归关系如表6-10和图6-15~图6-19所示。

表6-10 冒漏顶片深与支护参数的回归关系

回归函数	相关因素	回归方程
冒高 h/m	支架端面距 d/m	$h = 0.632d - 0.018$；$r = 0.8864$
冒高 h/m	顶梁台阶 c/m	$h = 0.159e^{6.932c}$；$r = 0.8678$
冒高 h/m	顶梁俯仰角 γ/(°)	$h = 0.007\gamma^2 - 0.039\gamma + 0.207$；$r = 0.7872$
冒高 h/m	支架液压 P/MPa	$h = 108.2P^{-1.67}$；$r = 0.8124$
片深 e/m	支架端面距 d/m	$e = 0.501d + 0.024$；$r = 0.8543$
片深 e/m	顶梁台阶 c/m	$e = 0.129e^{7.298c}$；$r = 0.8783$
片深 e/m	顶梁俯仰角 γ/(°)	$e = -0.006\gamma^2 - 0.002\gamma + 0.189$；$r = 0.7825$
片深 e/m	支架液压 P/MPa	$e = 159.0P^{-1.92}$；$r = 0.9023$
片深 e/m	冒高 h/m	$e = 0.713h + 0.072$；$r = 0.8654$

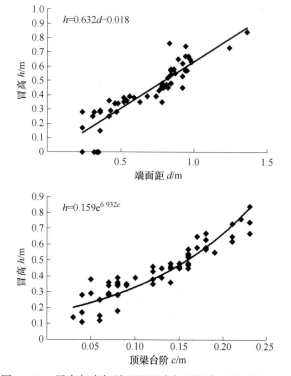

图6-15 冒高与支架端面距和支架顶梁台阶相关性关系

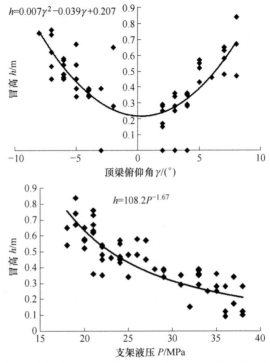

图6-16 冒高与支架俯仰角、支架液压相关性关系

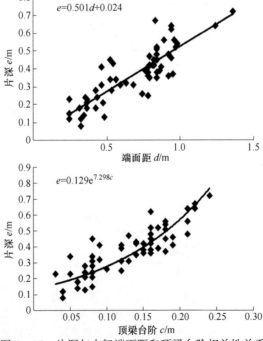

图6-17 片深与支架端面距和顶梁台阶相关性关系

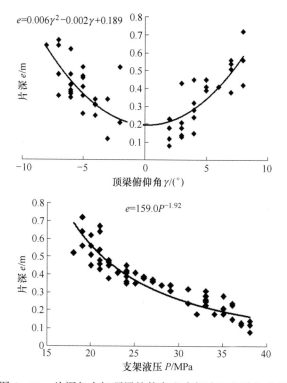

图 6 - 18 片深与支架顶梁俯仰角和支架液压相关性关系

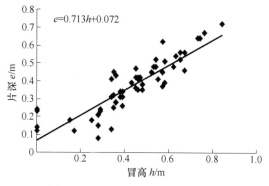

图 6 - 19 片深与冒高相关性关系

煤岩体冒高、片深与端面距呈线性关系，冒高、片深随端面距的增大而增大。端面距的大小，直接影响着工作面顶板空顶距的大小，端面距越大，悬顶距离越大，无支护空间越大，易导致端面煤岩体发生片帮、冒顶。

煤岩体冒高、片深与顶梁台阶呈指数关系，在一定范围内，冒高、片深随顶梁台阶的增大而增大，且在 0.13m 处存在一个临界值。当顶梁台阶小于 0.13m 时，冒高、片深缓慢增加，冒高小于 0.4m；当顶梁台阶大于 0.13m 时，冒高、片深急剧升高，处理难度大大增加。

煤岩体冒高、片深与支架顶梁俯仰角呈二次函数关系，其值随支架顶梁俯仰角绝对值的减小而减小，当支架顶梁俯仰角绝对值为 5° 时，冒高约为 0.4m，片深约为 0.32m。支架顶梁俯仰角的增大必然导致支架抬头严重，或支撑高度过低，出现被压死的现象，从而导致煤岩体的冒漏顶、片帮。

煤岩体冒高与支架液压呈幂函数关系，冒高、片深随支架液压增加呈减小趋势，且在工作阻力为 13500kN 处存在一个临界值。当支架工作阻力小于此值时，顶板冒高和煤壁片深急剧增加；当支架工作阻力大于此值时，曲线开始变得缓和，冒高、片深量变化趋于稳定。支架液压是支架重要的技术参数，尤其对于大采高综放工作面，在高应力和采动扰动影响下，顶板压力加剧，煤岩体破碎程度增大，使得支架上方传力介质刚度降低，又兼本面顶板和不稳定直接顶的破碎，缓解吸收了部分支架阻力所做的功，导致支架—围岩支护系统刚度降低，支撑力不能充分发挥效应，不能及时缓解煤壁处支撑压力，有效地抵制顶板离层，致使冒顶与片帮的趋势增大。

煤岩体片深与冒高呈近似线性关系，冒高随片深程度的加剧而增大。煤壁的片帮会使煤体结构发生改变，稳定性降低，端面空顶距加大，从而导致上部煤岩体的冒（漏）顶加剧；煤岩体的冒（漏）顶会导致煤体沿垂直方向的悬空面积加大，从而使煤体结构的稳定性下降，引起煤壁的片帮。工作面端面煤岩体冒落和片帮相互影响，如果处理不及时，易形成冒落、片帮的恶性循环，严重影响作业人员的安全和工作面正常生产。

同煤国电同忻煤矿 8107 综放工作面 ZF13500/27.5/42 型四柱支撑掩护式放顶煤支架的支护参数与端面煤岩冒（漏）、片帮状况回归关系曲线基本能够表示出大部分观测值的变化特征，大多数统计值在合理变化值范围之内，变化规律较为显著；综放支架可以较好地控制端面煤岩体冒顶片帮，可以保证综放工作面的安全高效生产。回归关系曲线图中存在个别偏离回归曲线的奇异点，说明工作面局部存在小范围的严重冒顶片帮现象，支架工作阻力难以充分发挥，因此架型有改进的必要。

8107 综放端面冒漏顶的关键影响因素为：支架液压、端面距。总之，支架的支护参数的优劣直接会影响到支架对端面煤岩体的控制效果。当工作面支架的支护参数良好时，工作面端面的状况就较好，较少出现冒顶和片帮现象，而当工作面支架的端面距较大、支架液压较低时端面就容易发生冒顶和片帮事故。

通过对端面围岩动态数据与其影响因素的回归分析，确定端面距控制范围不大于 0.5m（梁端距不大于 0.3m），顶梁台阶不大于 0.13m，支架顶梁俯仰角绝对值不大于 5°，支架工作阻力不小于 13500kN。

6.2　大采高综放面煤壁片帮安全评价系统研发应用

6.2.1　安全评价系统开发构想及操作界面

安全评价系统开发构想：建立能够根据输入参数变化而变化的煤壁片帮安全评价系统。输入参数主要指影响煤壁片帮的基本参数，这些参数包括：采煤机割煤高度、放煤厚度、煤层普氏硬度系数、支护强度、护帮水平力大小、周期来压强度、夹矸厚度和位置、煤层和夹矸受水影响程度及节理裂隙数量等；而输出结果的变化包括：给定基本参数条件下是否发生片帮和片帮发生条件下片帮基本参数，包括预测片帮位置、预测片帮深度、预测片帮迹线及预测片帮高度等。

大采高综放开采煤壁片帮安全评价系统操作界面如图 6 – 20 所示，操作界面主要包括三个组成部分：（1）安全评价对象输入；（2）基本参数输入；（3）判定结果输出。

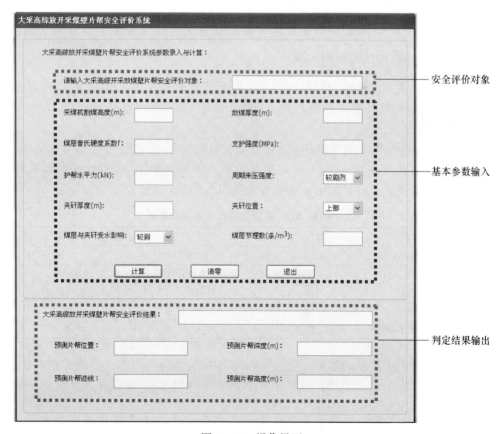

图 6 – 20　操作界面

大采高综放开采煤壁片帮安全评价系统的建立以煤壁片帮基本参数数据库系

统为基础，该数据库以全国多个矿区、多个综放面煤壁片帮实际诱导因素及其具体取值范围为依据，通过大量数据的综合分析确定其对煤壁片帮的实际贡献，进而评价不同影响因素对煤壁片帮的影响程度，并在此基础上对煤壁片帮重要评估指标进行区段划分，即煤壁片帮重要影响因素中，当某一个因素达到取值分界点时，无论其他片帮影响因素取值大小，煤壁都将发生片帮。煤壁片帮重要影响因素包括：采煤机割煤高度、煤层普氏硬度系数、支护强度、护帮水平力大小、周期来压强度五个基本因素。

对于煤壁片帮次要影响因素，其对煤壁片帮的贡献需要综合考虑自身贡献及其对煤壁片帮主要影响因素取值的改变程度，即次要影响因素自身可能不会直接影响煤壁片帮，但其可以通过改变主要影响因素的取值而诱发煤壁片帮。需要强调的是，次要影响因素自身也能够引起煤壁片帮，只是其引起片帮的概率要小于主要影响因素。次要影响因素主要包括：放煤厚度、夹矸厚度、夹矸位置、煤层和夹矸受水影响程度及节理裂隙数量等。

上述逻辑关系即为大采高综放开采煤壁片帮安全评价系统 C + + 编程逻辑关系[131~151]，也是安全评价系统的主导思想。C + + 编程代码见附录 1。

6.2.2 安全评价系统的应用检验

安全评价系统的应用分别以同煤国电同忻煤矿 8107 大采高综放面、中煤金海洋五家沟煤矿 5201 大采高综放面和平朔 2 号井工矿 B906 大采高综放面为例进行说明。

6.2.2.1 同煤国电同忻煤矿 8107 大采高综放面

煤壁片帮基本参数见表 6 - 11。根据煤壁片帮基本参数，运用大采高煤壁片帮安全评价系统进行计算判定，得到的结果如图 6 - 21 所示。

表 6 - 11 8107 综放面煤壁片帮基本参数

基本参数	取值范围	基本参数	取值范围
采煤机割煤高度	3.9m	放煤厚度	11.6m
煤层普氏硬度系数	1.3	支护强度	1.4MPa
护帮水平力	1528kN	周期来压强度	特别剧烈
夹矸厚度	0m	夹矸位置	无
煤层与夹矸受水影响	强烈	煤层节理数	47 条/m³

根据图 6 - 21 显示的结果，同忻煤矿 8107 综放工作面将发生煤壁片帮现象，且预测片帮位置为煤壁上部；预测片帮深度为 0.3 ~ 0.6m；预测片帮迹线为上部弧形片帮；预测片帮高度为 0.5 ~ 0.8 倍采高。

将上述结果与同忻煤矿观测到的实际片帮数据对比可知，实际片帮与大采高综放开采煤壁片帮安全评价系统判定结果基本一致，因此，大采高综放开采煤壁片帮安全评价系统计算结果基本可靠。

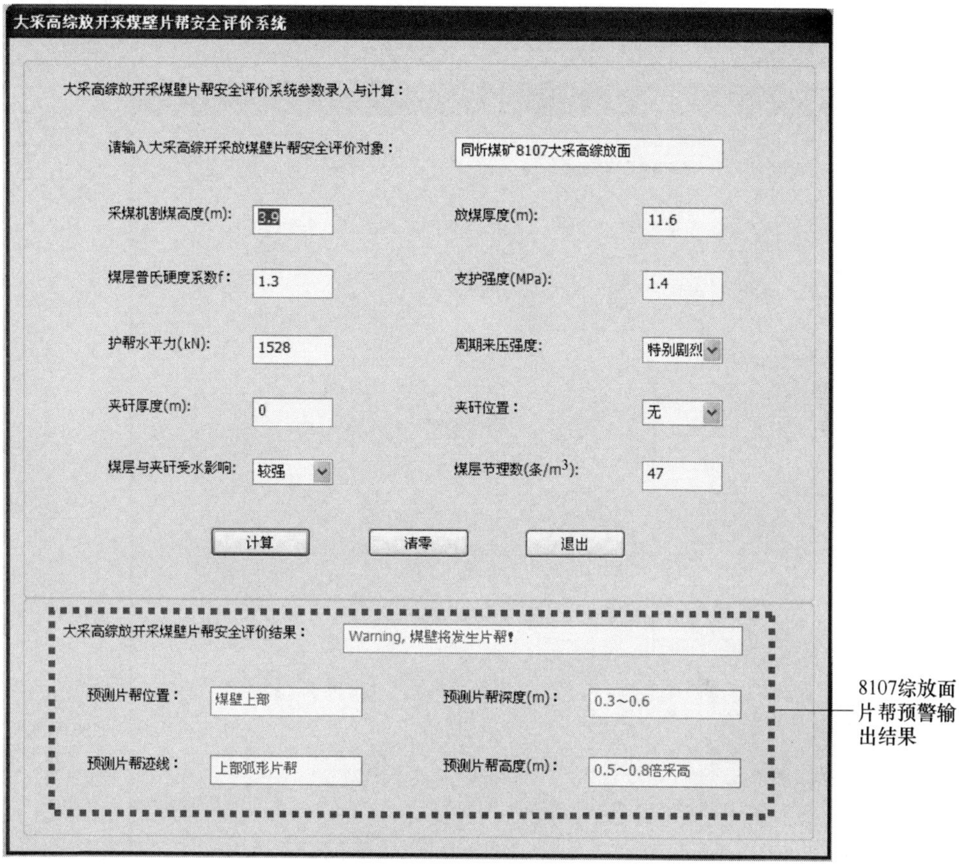

图 6-21 同忻矿 8107 综放面煤壁片帮安全评价结果

　　为进一步验证大采高煤壁片帮安全评价系统结果可靠性，下面对中煤金海洋五家沟煤矿 5201 大采高综放面和中煤平朔 2 号井工矿 B906 大采高综放面进行安全评价。

6.2.2.2　中煤金海洋五家沟煤矿 5201 大采高综放面

煤壁片帮基本参数见表 6-12。

表 6-12　5201 大采高综放面煤壁片帮基本参数

基本参数	取值范围	基本参数	取值范围
采煤机割煤高度	3.5m	放煤厚度	7.2m
煤层普氏硬度系数	1.8	支护强度	1.1MPa
护帮水平力	1235kN	周期来压强度	剧烈
夹矸厚度	0m	夹矸位置	无
煤层与夹矸受水影响	较弱	煤层节理数	65 条/m³

根据上述煤壁片帮基本参数，运用大采高煤壁片帮安全评价系统进行计算判定，得到的结果如图6-22所示。

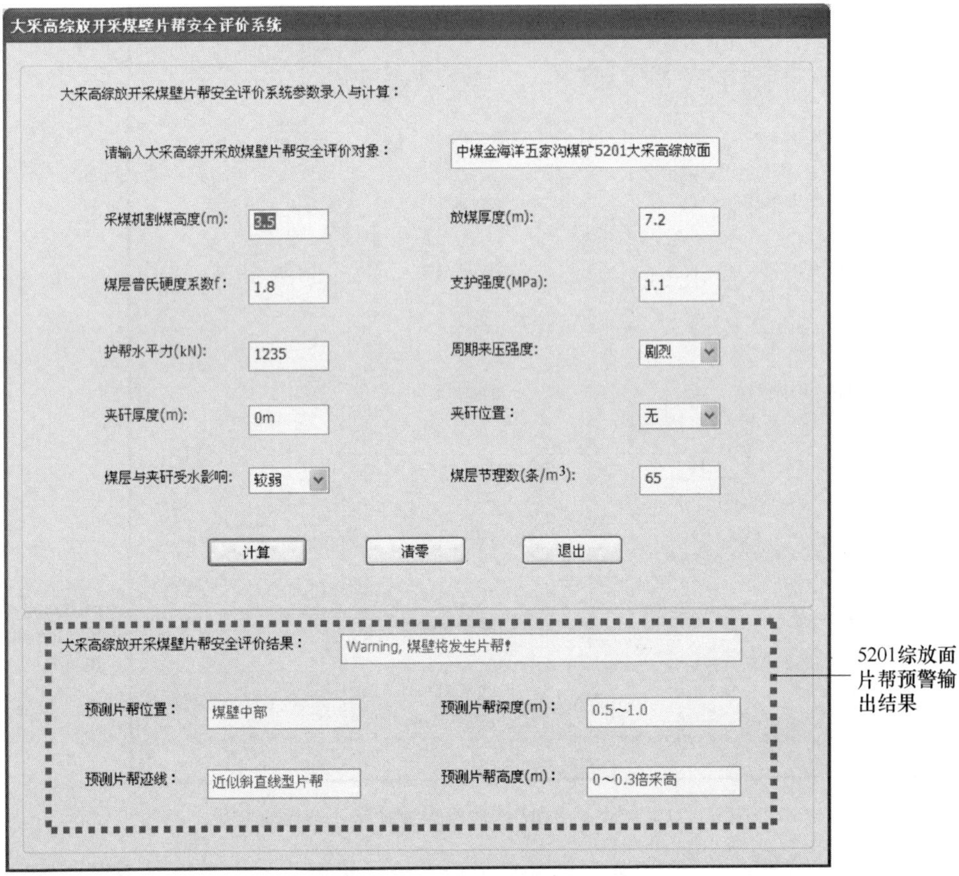

大采高综放开采煤壁片帮安全评价系统

大采高综放开采煤壁片帮安全评价系统参数录入与计算：

请输入大采高综放开采放煤壁片帮安全评价对象：　中煤金海洋五家沟煤矿5201大采高综放面

采煤机割煤高度(m)：3.5　　　放煤厚度(m)：7.2

煤层普氏硬度系数f：1.8　　　支护强度(MPa)：1.1

护帮水平力(kN)：1235　　　周期来压强度：剧烈

夹矸厚度(m)：0m　　　夹矸位置：无

煤层与夹矸受水影响：较弱　　　煤层节理数(条/m³)：65

计算　　　清零　　　退出

大采高综放开采煤壁片帮安全评价结果：Warning, 煤壁将发生片帮！

预测片帮位置：煤壁中部　　　预测片帮深度(m)：0.5~1.0

预测片帮迹线：近似斜直线型片帮　　　预测片帮高度(m)：0~0.3倍采高

5201综放面片帮预警输出结果

图6-22　五家沟5201大采高综放面煤壁片帮安全评价结果

根据图6-22显示的结果，五家沟5201大采高综放工作面将发生煤壁片帮现象，且预测片帮位置为煤壁中部；预测片帮深度为0.5~1.0m；预测片帮迹线为斜直线型；预测片帮高度为0~0.3倍采高。其预测结果与当场观测结果基本一致。

6.2.2.3　中煤平朔安家岭2号井工矿B906大采高综放面

煤壁片帮基本参数见表6-13。

表6-13　B906大采高综放面煤壁片帮基本参数

基本参数	取值范围	基本参数	取值范围
采煤机割煤高度	3.2m	放煤厚度	6.8m
煤层普氏硬度系数	2.8	支护强度	0.9MPa

基本参数	取值范围	基本参数	取值范围
护帮水平力	1210kN	周期来压强度	一般
夹矸厚度	0m	夹矸位置	无
煤层与夹矸受水影响	较弱	煤层节理数	25 条/m³

根据上述煤壁片帮基本参数，运用大采高煤壁片帮安全评价系统进行计算判定，得到的结果如图 6 – 23 所示。

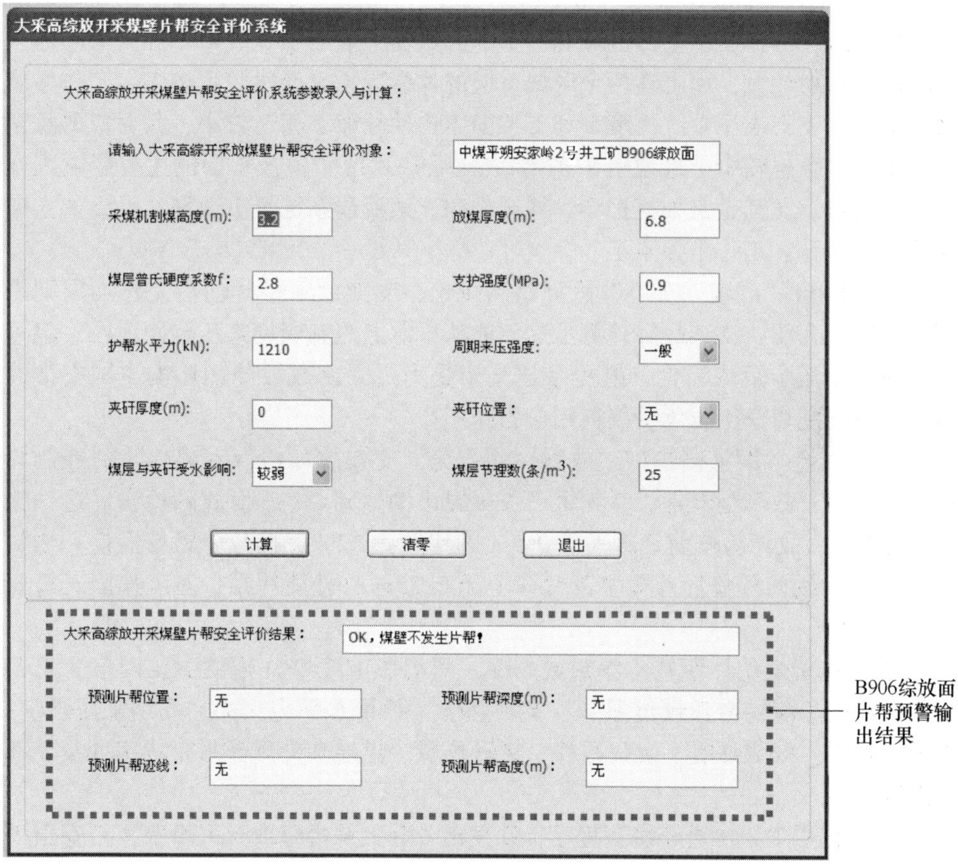

图 6 – 23　2 号井工矿 B906 大采高综放面煤壁片帮安全评价结果

根据图 6 – 23 显示的结果，安家岭 2 号井工矿 B906 大采高综放工作面煤壁将不发生片帮现象。这与现场煤壁片帮状况基本相符。

综上所述，大采高综放开采煤壁片帮安全评价系统不仅能够较好地预测煤壁是否发生片帮事故，而且在煤壁发生片帮的条件下，能够较为准确地预测煤壁片帮位置、片帮深度、片帮迹线及片帮高度。大采高综放面煤壁片帮安全评价系统应用于现场，能够较好地预测工作面煤壁片帮状况，提前预警，防止煤壁严重片帮诱发顶板严重冒漏事故的发生。

6.3 本章小结

（1）结合"固液同步型"故障检测理论，得出同忻煤矿 8107 综放面 ZF15000/27.5/42 型液压支架固体构件故障检测结论：超声相控阵无损探伤检测技术不仅能检测出支架构件内部微裂隙和表面裂隙，而且能够根据三维图像输出直观判断构件内部微裂隙之间及其与构件表面裂隙之间的贯通趋势。

（2）结合"固液同步型"故障检测理论，不同故障率区段煤壁控制效果对比分析得出：工作面中上部区域和中下部区域支架液压系统故障率和支架固体构件故障率相对较大，而上述两个区域对应的片帮冒顶累计次数也较多；工作面剩余三个区域支架液压系统故障率和支架固体构件故障率相对较小，其对应的片帮冒顶累计次数也较少。这说明 8107 综放面煤壁片帮和顶板冒漏的主要影响因素是支架故障，尤其是支架掩护梁焊缝开裂和支架液压系统严重泄漏，导致的支架支撑能力降低、工作阻力不足。

（3）结合"固液同步型"故障检测理论，支架故障检修前后工作面周期来压统计结果表明：支架故障检测虽然不能从根本上控制周期来压步距大小，但可以使周期来压步距均匀化，避免综放支架受力过大出现故障而影响支架支撑性能，从而避免煤壁上方承受高剪切应力作用。

（4）结合"固液同步型"故障检测理论，支架故障检修对煤壁片帮控制具有积极作用：故障检修前，片深大于 1m 的比例达到 8%，而故障检修后这一比例降低为 0；故障检修前片帮大于 0.5m 的比例为 32%，而故障检修后这一比例降为 13%；故障检修后片帮多为片深小于 0.25m 的轻微片帮，对工作面正常开采影响较小。

（5）基于煤壁片帮基本参数数据库，得出影响煤壁片帮的主要因素为采煤机割煤高度、煤层普氏硬度系数、支护强度、护帮水平力大小、周期来压强度；次要因素为：放煤厚度、夹矸厚度、夹矸位置、煤层和夹矸受水影响程度及节理裂隙数量。

（6）利用 C++语言编写程序，开发出一套大采高综放开采煤壁片帮安全评价系统，并结合同忻煤矿 8107 综放面、中煤金海洋五家沟煤矿 5201 综放面和中煤平朔 2 号井工矿 B906 综放面煤壁片帮基本控制参数，对所开发的煤壁片帮安全评价系统进行应用试验，应用结果表明：大采高综放开采煤壁片帮安全评价系统不仅能够准确判定煤壁在给定条件下是否发生片帮，而且在煤壁片帮条件下能够准确得出片帮基本指标的取值范围，现场应用效果良好。

7 结论与展望

7.1 研究取得的主要成果

本研究综合现场调研、理论研究、数值模拟计算、实验室试验、程序编写、现场应用实测等方法，围绕大采高综放面煤壁片帮机理和控制技术两个关键问题，分别对煤壁前方煤体塑性区范围、不同硬度条件下煤壁片帮机理、基于三角模糊重要度大采高综放面煤壁片帮关键影响因素、基于共因失效计算模型支架系统可靠性、支架固体构件超声无损探伤技术、支架液压系统无损检测技术、不同故障率区段煤壁片帮控制效果对比、故障检修前后煤壁片帮控制效果对比及大采高综放面煤壁片帮安全评价系统开发等问题进行了系统研究，得到如下结论。

7.1.1 大采高综放面煤壁前方塑性区范围

（1）提出煤壁片帮塑性变形系数 λ 的概念，即走向垂直平面切割煤壁所形成的剖面上，采高范围内塑性变形区面积与煤壁前方单位宽度面积的比值。煤壁片帮塑性变形系数是正交试验数值分析的基本衡量指标，是煤壁前方塑性区范围定量分析的理论基础。

（2）基于正交试验和有限变形理论两种方法得到的煤壁前方煤体塑性区范围对比得到：1）基于有限变形理论得到的塑性区范围是关于 x、y 的函数，是一条曲线，而基于正交试验回归分析得到的塑性区范围是关于煤壁片帮关键影响因素的函数，是一条竖直线，不随 x、y 值变化而变化；2）正交试验回归分析得到的塑性区范围与有限变形理论计算得到的塑性区范围在采煤机割煤高度区间内一致程度较高，而在顶煤范围内二者差异性明显；3）大采高综放面顶煤塑性变形与煤壁前方机采高度范围内煤体塑性变形具有明显的时间差异化特点，即顶煤塑性变形明显超前于煤壁前方机采高度内煤体塑性变形；4）由于顶煤塑性变形超前于煤壁前方机采高度内煤体塑性变形，为有效防止顶煤冒漏，必须首先防止煤壁片帮，特别是大范围深度片帮，避免顶煤冒漏流动空间的形成。

7.1.2 不同硬度煤层大采高综放面煤壁片帮机理

（1）基于煤体三轴压缩试验结果和现场调研统计分析，不同硬度煤体片帮主要类型有：坚硬煤壁片帮，主要类型为中部拉裂式片帮和上部斜直线型片帮；软弱煤层片帮，主要类型为上部弧形滑动片帮；夹矸改变煤质均匀性，含坚硬夹矸煤层片帮主要类型是夹矸下煤体台阶型片帮，含软弱夹矸煤层片帮主要类型是软弱夹矸与预片帮煤体同步失稳。

（2）建立坚硬煤层大采高综放面煤壁片帮尖点突变模型，采用压杆理论求解煤壁中部拉裂式片帮危险点位置，并建立煤壁上部斜直线型片帮尖点突变势能函数，得出坚硬煤壁发生片帮的力学条件判据。

（3）建立软弱煤层弧形滑动失稳力学模型，分析得出煤壁片帮起始破裂点位于顶板冒落拱煤壁深部拱角位置，计算得出煤壁片帮安全系数表达公式，并结合同忻煤矿 8107 大采高综放面具体条件，运用数值计算软件得到煤壁片帮关键控制指标为：护帮阻力 F_t，控制区间 1000～2000kN；弧形滑动轨迹控制参数 α，合理值区间 30°～60°；煤体力学参数及顶煤冒落拱相关参数。

（4）建立含软弱夹矸煤壁片帮力学模型，指出其与夹矸强度弱化函数 $f(\kappa)$ 的关系，得到软弱夹矸发生失稳的力学条件判据。

7.1.3 大采高综放面煤壁片帮关键影响因素研究

根据现场实测，将煤壁片帮关键影响因素分为三类：一是支架类，二是回采工艺类，三是煤岩性质类；根据三角模糊重要度判别原则，得到同忻煤矿 8107 大采高综放面煤壁片帮关键影响因素为：支架故障（液压系统故障和支架构件损伤）、工作阻力和端面距，其三角模糊重要度分别为 1.168、0.167 和 0.162。

7.1.4 大采高综放开采煤壁片帮控制技术

（1）分析了支架系统可靠性、支架故障检修和大采高综放面煤壁片帮事故三者的内涵，并阐述了三者之间的互馈关系，强调了支架故障检测对煤壁片帮控制的重要作用。

（2）建立大采高综放面液压支架故障发生概率的共因失效计算模型，得出液压支架系统可靠性计算式；以综放支架立柱系统共因失效计算过程为例，说明 ZF15000/27.5/42 型液压支架系统可靠性计算方法。

（3）提出综放支架"固液同步型"故障检测技术，阐述其技术内涵：支架固体构件超声相控阵无损探伤技术和支架液压元件 YHX 型无损检测技术。"同步型"的基本含义是在同一矿压周期、同一采煤循环、同一地点对同一支架进行固体构件和液压元件同步检测。

（4）综放支架超声相控阵无损探伤原理：延时激励调节各振元初始相位，形成波振面的偏转或聚焦，扫描被测试件，得到被测试件的三维立体成像，判定缺陷形状、位置及发展趋势。

（5）支架液压系统故障检测原理：通过拾取分析支架泄漏产生的高频声波和振动信号实现支架液压系统故障的检测和准确定位，运用概率论的信号检测接收机原理，研制了 YHX 型液压泄漏故障的本安隔爆型检测仪，对支架液压系统进行无损检测。

7.1.5 同忻矿 8107 大采高综放面煤壁片帮控制现场工业性试验

（1）结合"固液同步型"故障检测理论，得出 ZF15000/27.5/42 型液压支架固体构件故障检测结论：超声相控阵无损探伤检测技术不仅能检测出支架构件内部微裂隙和表面裂隙，而且能够根据三维图像输出直观判断构件内部微裂隙之间及其与构件表面裂隙之间的贯通趋势。

（2）结合"固液同步型"故障检测理论，不同故障率条件下煤壁控制效果对比分析得出：工作面中上部区域和中下部区域支架液压系统故障率和支架固体构件故障率相对较大，而上述两个区域对应的片帮冒顶累计次数也较多；工作面剩余三个区域支架液压系统故障率和支架固体构件故障率相对较小，其对应的片帮冒顶累计次数也较少。说明 8107 综放面煤壁片帮和顶板冒漏的主要影响因素是支架故障率，尤其是支架掩护梁焊缝开裂和支架液压系统严重泄漏，导致支架支撑能力降低、工作阻力不足。

（3）结合"固液同步型"故障检测理论，支架故障检修前后工作面周期来压统计结果表明：支架故障检测虽然不能从根本上控制周期来压步距大小，但可以使周期来压步距均匀化，避免综放支架受力过大出现故障而影响支架支撑性能，从而避免煤壁上方承受高剪切应力作用。

（4）结合"固液同步型"故障检测理论，支架故障检修对煤壁片帮控制具有积极作用：故障检修前，片深大于 1m 的比例达到 8%，而故障检修后这一比例降低为 0；故障检修前片帮大于 0.5m 的比例为 32%，而故障检修后这一比例降为 13%；故障检修后片帮多为片深小于 0.25m 的轻微片帮，对工作面正常开采影响较小。

7.1.6 大采高综放开采煤壁片帮安全评价系统开发与现场应用检验

（1）基于煤壁片帮基本参数数据库系统，利用 C＋＋语言编写程序，开发出一套大采高综放开采煤壁片帮安全评价系统。

（2）结合同忻煤矿 8107 综放面、中煤金海洋五家沟煤矿 5201 综放面和中煤平朔 2 号井工矿 B906 综放面煤壁片帮基本控制参数，对所开发的煤壁片帮安全评价系统进行应用试验，应用结果表明：大采高综放开采煤壁片帮安全评价系统不仅能够准确判定煤壁在给定条件下是否发生片帮，而且在煤壁片帮条件下能够准确得出片帮基本指标的取值范围，现场应用效果良好。

7.2 创新点

（1）提出了煤壁片帮塑性变形系数概念，结合正交试验和弹塑性岩梁有限变形理论，发现大采高综放面顶煤塑性变形与煤壁前方机采高度范围内煤体塑性变形具有明显的时间差异化特点，即顶煤塑性变形明显超前于煤壁前方煤体塑性变形。

（2）揭示了不同硬度及夹矸煤层大采高综放面煤壁片帮机理：基于尖点突变模型，得出坚硬煤壁片帮力学条件判据；基于弧形滑动失稳模型，得出软弱煤壁片帮安全系数计算式；基于夹矸强度弱化理论，得出夹矸煤壁失稳判别准则。

（3）基于综放支架系统可靠性共因失效计算模型，得出支架关键固体构件和液压元件失效概率，结合三角模糊重要度判别原则，研究得出大采高综放面煤壁片帮关键控制指标为支架故障率、工作阻力和端面距。

（4）提出了煤壁片帮控制"固液同步型"液压支架故障检测方法，阐述了其理念和内涵，并结合煤壁片帮关键控制参数数据库系统，运用 C + + 语言开发出一套大采高综放面煤壁片帮安全评价系统，通过了现场应用检验。

7.3 展望

本书通过对大采高综放面煤壁片帮机理及控制技术的研究，取得了一定成果。首先，基于正交试验和弹塑性岩梁有限变形理论，对比分析了顶煤和煤壁前方机采高度范围内煤体塑性区范围，得出顶煤塑性变形与煤壁前方机采高度范围内煤体塑性变形具有明显的时间差异化特点，即顶煤塑性变形明显超前于煤壁前方煤体塑性变形；其次，对不同硬度及夹矸煤层大采高综放面煤壁片帮机理进行了系统研究，得出不同硬度及夹矸煤层综放面煤壁发生失稳的条件判据；再者，基于综放支架系统可靠性共因失效计算模型，计算得出支架关键固体构件和液压元件故障概率，运用三角模糊算法，研究得出大采高综放面煤壁片帮主要控制参数；最后，结合同忻煤矿 8107 综放面煤壁片帮控制实践，提出大采高综放面煤壁片帮控制"固液同步型"液压支架故障检测方法，详细阐述了综放支架超声相控阵无损探伤原理和综放支架液压系统故障检测原理，并基于煤壁片帮关键控制参数数据库系统，运用 C + + 语言开发出一套大采高综放面煤壁片帮安全评价系统，通过了现场应用检验。但本书对于煤壁塑性区计算、煤壁片帮机理和片帮控制技术方面还有待进一步研究：

（1）基于有限变形理论煤壁前方塑性区范围研究中，计算推导得到的塑性区范围表达式结果较为复杂，仅利用描点法对表达式进行取点绘图，结果可靠程度较低，尤其是塑性区界线的具体形状，有待专业数据分析软件的引入应用。

（2）不同硬度条件下煤壁片帮机理的研究中，硬度划分仅为坚硬煤层和软弱煤层两个方面，有待进一步细化，可根据普氏硬度系数细化后分别进行研究探讨，并据此制定煤壁片帮判定标准。

（3）书中对煤壁片帮迹线的划分不够全面，煤层硬度与煤壁片帮迹线的关系有待进一步研究。

（4）煤壁片帮控制"固液同步型"液压支架故障检测方法，对其现场应用应制定标准指标，规范应用，避免因操作不规范导致检测结果出现较大误差。

（5）大采高综放面煤壁片帮安全评价系统编程依据是煤壁片帮关键控制参数数据库系统，但目前数据库系统只是对全国有限典型大采高综放矿井进行的统计，为使安全评价系统应用性更具有普遍性，数据库系统应不断更新完善。

附录　C++编程代码

```
// MineProgram. h：PROJECT_ NAME 应用程序的主头文件
#pragma once
#ifndef __AFXWIN_H__
    #error "在包含此文件之前包含"stdafx. h"以生成 PCH 文件"
#endif
#include "resource. h"          // 主符号
// CMineProgramApp：
// 有关此类的实现，请参阅 MineProgram. cpp
class CMineProgramApp : public CWinApp
{
public：
    CMineProgramApp( )；
// 重写
public：
    virtual BOOL InitInstance( )；
// 实现
    DECLARE_MESSAGE_MAP( )
}；
extern CMineProgramApp theApp；


// MineProgram. cpp ：定义应用程序的类行为。
#include "stdafx. h"
#include "MineProgram. h"
#include "MineProgramDlg. h"
#ifdef _DEBUG
#define new DEBUG_NEW
#endif
// CMineProgramApp
BEGIN_MESSAGE_MAP( CMineProgramApp，CWinApp)
    ON_COMMAND( ID_HELP，&CWinApp：：OnHelp)
END_MESSAGE_MAP( )
// CMineProgramApp 构造
```

```
CMineProgramApp::CMineProgramApp( )
{
    // 支持重新启动管理器
    m_dwRestartManagerSupportFlags
AFX_RESTART_MANAGER_SUPPORT_RESTART;
    // TODO：在此处添加构造代码,
    // 将所有重要的初始化放置在 InitInstance 中
}
// 唯一的一个 CMineProgramApp 对象
CMineProgramApp theApp;
// CMineProgramApp 初始化
BOOL CMineProgramApp::InitInstance( )
{
    // 如果一个运行在 Windows XP 上的应用程序清单指定要
    // 使用 ComCtl32. dll 版本 6 或更高版本来启用可视化方式,
    //则需要 InitCommonControlsEx( )。否则,将无法创建窗口。
    INITCOMMONCONTROLSEX InitCtrls;
    InitCtrls. dwSize = sizeof( InitCtrls) ;
    // 将它设置为包括所有要在应用程序中使用的
    // 公共控件类。
    InitCtrls. dwICC = ICC_WIN95_CLASSES;
    InitCommonControlsEx( &InitCtrls) ;
    CWinApp::InitInstance( ) ;
    AfxEnableControlContainer( ) ;
    // 创建 shell 管理器,以防对话框包含
    // 任何 shell 树视图控件或 shell 列表视图控件。
    CShellManager  * pShellManager = new CShellManager;
    // 标准初始化
    // 如果未使用这些功能并希望减小
    // 最终可执行文件的大小,则应移除下列
    // 不需要的特定初始化例程
    // 更改用于存储设置的注册表项
    // TODO：应适当修改该字符串,
    // 例如修改为公司或组织名
    SetRegistryKey(_T("应用程序向导生成的本地应用程序") ) ;
    CMineProgramDlg dlg;
    m_pMainWnd = &dlg;
    INT_PTR nResponse = dlg. DoModal( ) ;
    if( nResponse  = =  IDOK)
```

```
    {
        // TODO：在此放置处理何时用
        //"确定"来关闭对话框的代码
    }
    else if( nResponse == IDCANCEL)
    {
        // TODO：在此放置处理何时用
        //"取消"来关闭对话框的代码
    }
    // 删除上面创建的 shell 管理器。
    if( pShellManager != NULL)
    {
        delete pShellManager;
    }
    // 由于对话框已关闭,所以将返回 FALSE 以便退出应用程序,
    // 而不是启动应用程序的消息泵。
    return FALSE;
}


// MineProgramDlg. h ：头文件
#pragma once
#include "afxwin. h"
#include < sstream >
#include < string >
// CMineProgramDlg 对话框
class CMineProgramDlg : public CDialogEx
{
// 构造
public：
    CMineProgramDlg( CWnd * pParent = NULL)；  // 标准构造函数
// 对话框数据
    enum { IDD = IDD_MINEPROGRAM_DIALOG };
    protected：
    virtual void DoDataExchange( CDataExchange * pDX)；  // DDX/DDV 支持
// 实现
protected：
    HICON m_hIcon；
    // 生成的消息映射函数
    virtual BOOL OnInitDialog( )；
```

```
    afx_msg void OnPaint( );
    afx_msg HCURSOR OnQueryDragIcon( );
    DECLARE_MESSAGE_MAP( )
public:
  CEdit edit_x1;
  CEdit edit_x2;
  CEdit edit_x3;
  CEdit edit_x4;
  CEdit edit_x5;
  CComboBox comb_x6;
  CEdit edit_x7;
  CComboBox comb_x8;
  CEdit edit_x9;
  CEdit edit_x10;
  CEdit edit_r1;
  CEdit edit_r2;
  CEdit edit_r3;
  CEdit edit_r4;
  CEdit edit_judge;
  afx_msg void OnBnClickedOk( );
  CComboBox comb_x9;
private:
  double GetCEditValue( HWND edit);
public:
  afx_msg void OnBnClickedClear( );
  CEdit edit_obj;
  afx_msg HBRUSH OnCtlColor( CDC * pDC,CWnd * pWnd,UINT nCtlColor);
private:
  bool isSlipping;
  COLORREF m_colorEditText;
};


// MineProgramDlg. cpp : 实现文件
#include " stdafx. h"
#include " MineProgram. h"
#include " MineProgramDlg. h"
#include " afxdialogex. h"
#ifdef _DEBUG
#define new DEBUG_NEW
```

```
#endif
// CMineProgramDlg 对话框
CMineProgramDlg::CMineProgramDlg(CWnd * pParent /* = NULL */)
  : CDialogEx(CMineProgramDlg::IDD,pParent)
  ,isSlipping(false)
{
  m_hIcon = AfxGetApp() - >LoadIcon(IDR_MAINFRAME);
}
void CMineProgramDlg::DoDataExchange(CDataExchange * pDX)
{

    CDialogEx::DoDataExchange(pDX);
    DDX_Control(pDX,IDC_EDIT_X1,edit_x1);
    DDX_Control(pDX,IDC_EDIT_X2,edit_x2);
    DDX_Control(pDX,IDC_EDIT_X3,edit_x3);
    DDX_Control(pDX,IDC_EDIT_X4,edit_x4);
    DDX_Control(pDX,IDC_EDIT_X5,edit_x5);
    DDX_Control(pDX,IDC_COMBO_X6,comb_x6);
    DDX_Control(pDX,IDC_EDIT_X7,edit_x7);
    DDX_Control(pDX,IDC_COMBO_X8,comb_x8);
    DDX_Control(pDX,IDC_COMBO_X9,comb_x9);
    DDX_Control(pDX,IDC_EDIT_X10,edit_x10);
    DDX_Control(pDX,IDC_EDIT_R1,edit_r1);
    DDX_Control(pDX,IDC_EDIT_R2,edit_r2);
    DDX_Control(pDX,IDC_EDIT_R3,edit_r3);
    DDX_Control(pDX,IDC_EDIT_R4,edit_r4);

    DDX_Control(pDX,IDC_EDIT_JUDGE,edit_judge);
    DDX_Control(pDX,IDC_EDIT_OBJ,edit_obj);
}
BEGIN_MESSAGE_MAP(CMineProgramDlg,CDialogEx)
    ON_WM_PAINT()
    ON_WM_QUERYDRAGICON()
    ON_BN_CLICKED(IDOK,&CMineProgramDlg::OnBnClickedOk)
    ON_BN_CLICKED(IDC_CLEAR,&CMineProgramDlg::OnBnClickedClear)
    ON_WM_CTLCOLOR()
END_MESSAGE_MAP()
// CMineProgramDlg 消息处理程序
BOOL CMineProgramDlg::OnInitDialog()
{
```

```
CDialogEx::OnInitDialog();
// 设置此对话框的图标。当应用程序主窗口不是对话框时,框架将自动
//   执行此操作
SetIcon(m_hIcon,TRUE);   // 设置大图标
SetIcon(m_hIcon,FALSE);   // 设置小图标
// TODO：在此添加额外的初始化代码
comb_x6.InsertString(0,_T("特别剧烈"));
comb_x6.InsertString(1,_T("剧烈"));
comb_x6.InsertString(2,_T("较剧烈"));
comb_x6.InsertString(3,_T("一般"));
comb_x6.SetCurSel(2);
comb_x8.InsertString(0,_T("上部"));
comb_x8.InsertString(1,_T("中部"));
comb_x8.InsertString(2,_T("下部"));
comb_x8.InsertString(3,_T("无"));
comb_x8.SetCurSel(0);
comb_x9.InsertString(0,_T("较强"));
comb_x9.InsertString(1,_T("一般"));
comb_x9.InsertString(2,_T("较弱"));
comb_x9.SetCurSel(2);
m_colorEditText = RGB(255,0,0);
isSlipping = false;
return TRUE;   // 除非将焦点设置到控件,否则返回 TRUE
}
// 如果向对话框添加最小化按钮,则需要下面的代码
//   来绘制该图标。对于使用文档/视图模型的 MFC 应用程序,
//   这将由框架自动完成。
void CMineProgramDlg::OnPaint()
{
    if(IsIconic())
    {
        CPaintDC dc(this); // 用于绘制的设备上下文
        SendMessage(WM_ICONERASEBKGND,
reinterpret_cast < WPARAM > (dc.GetSafeHdc()),0);
        // 使图标在工作区矩形中居中
        int cxIcon = GetSystemMetrics(SM_CXICON);
        int cyIcon = GetSystemMetrics(SM_CYICON);
        CRect rect;
        GetClientRect(&rect);
```

```cpp
    int x = ( rect. Width( ) − cxIcon + 1)/ 2;
    int y = ( rect. Height( ) − cyIcon + 1)/ 2;
    // 绘制图标
    dc. DrawIcon( x,y,m_hIcon) ;
}
else
{

    CDialogEx: :OnPaint( ) ;

}
}
//当用户拖动最小化窗口时系统调用此函数取得光标
//显示。
HCURSOR CMineProgramDlg: :OnQueryDragIcon( )
{
    return static_cast < HCURSOR > ( m_hIcon) ;
}
void CMineProgramDlg: :OnBnClickedOk( )
{

    isSlipping = false;
    SetRedraw( true) ;
    double x1 = GetCEditValue( edit_x1. m_hWnd) ;
    double x2 = GetCEditValue( edit_x2. m_hWnd) ;
    double x3 = GetCEditValue( edit_x3. m_hWnd) ;
    double x4 = GetCEditValue( edit_x4. m_hWnd) ;
    double x7 = GetCEditValue( edit_x7. m_hWnd) ;
    double x10 = GetCEditValue( edit_x10. m_hWnd) ;
    if( x1 > 4 )isSlipping = true;
    if( ( x1 /( x2 − x1) ) < 0. 3333)isSlipping = true;
    if( x4 < 0. 8)isSlipping = true;
    if( (0. 4 * x1 +0. 1 * x2 +0. 2 * x3 +0. 3 * x4) > 2. 8 )isSlipping = true;
    if( true = = isSlipping)
    {
    SetRedraw( true) ;
      edit_judge. SetWindowTextW( _T( " Warning,煤壁将发生片帮!") ) ;
    if( x3 > 1. 5)
    {
      edit_r1. SetWindowTextW( _T( "煤壁中部") ) ;
    }
    else
```

```
    }
    edit_r1. SetWindowTextW( _T( "煤壁上部") ) ;
}
if( 0 == comb_x6. GetCurSel( ) || 1 == comb_x6. GetCurSel( ) )
{
    if( x10 < 30)
    {
        edit_r2. SetWindowTextW( _T( "0 - 0. 5") ) ;
    }
    else if( x10 >= 30 && x10 <= 50)
    {
        edit_r2. SetWindowTextW( _T( "0. 3 - 0. 6") ) ;
    }
    else if( x10 > 50)
    {
        edit_r2. SetWindowTextW( _T( "0. 5 - 1. 0") ) ;
    }
    if( 0 == comb_x9. GetCurSel( ) )
    {
        edit_r4. SetWindowTextW( _T( "0. 5 - 0. 8 倍采高") ) ;
    }
    else if( 1 == comb_x9. GetCurSel( ) )
    {
        edit_r4. SetWindowTextW( _T( "0. 2 - 0. 5 倍采高") ) ;
    }
    else
    {
        edit_r4. SetWindowTextW( _T( "0 - 0. 3 倍采高") ) ;
    }
}
else
{
    edit_r2. SetWindowTextW( _T( "0") ) ;
    edit_r4. SetWindowTextW( _T( "0 倍采高") ) ;
}
if( 0 == x7)
{
    comb_x8. SetCurSel( 3) ;
    if( x3 >= 1. 5)
```

```
                    {
                        edit_r3. SetWindowTextW(_T("近似斜直线型片帮"));
                    }
                    else
                    {
                        edit_r3. SetWindowTextW(_T("上部弧形片帮"));
                    }
                }
            else if(x7 > 0)
            {
                edit_r3. SetWindowTextW(_T("台阶或到台阶型片帮"));
            }
        }
    else if(false == isSlipping)
    {
        SetRedraw(true);
        edit_judge. SetWindowTextW(_T("OK,煤壁不发生片帮!"));
        edit_r1. SetWindowTextW(_T("无"));
        edit_r2. SetWindowTextW(_T("无"));
        edit_r3. SetWindowTextW(_T("无"));
        edit_r4. SetWindowTextW(_T("无"));
    }
}
double CMineProgramDlg::GetCEditValue(HWND hwnd)
{
    CEdit * edit = (CEdit * )CWnd::FromHandle(hwnd);
    int  x1_len = edit -> GetWindowTextLengthW();
    double value = 0.0;
    // Allocate memory for the string and copy
    // the string into the memory.
    LPTSTR pszMem = (LPTSTR)VirtualAlloc((LPVOID)NULL,
                    (DWORD)(x1_len + 1),MEM_COMMIT,
                    PAGE_READWRITE);
    edit -> GetWindowTextW(pszMem,x1_len + 1);
    std::wistringstream svalue(pszMem);
    svalue >> value;
    VirtualFree(pszMem,0,MEM_RELEASE);
    return value;
}
```

```
void CMineProgramDlg::OnBnClickedClear()
{
    SetRedraw(true);
    edit_x1. SetWindowTextW(_T(""));
    edit_x2. SetWindowTextW(_T(""));
    edit_x3. SetWindowTextW(_T(""));
    edit_x4. SetWindowTextW(_T(""));
    edit_x5. SetWindowTextW(_T(""));
    edit_x7. SetWindowTextW(_T(""));
    edit_x10. SetWindowTextW(_T(""));
    edit_judge. SetWindowTextW(_T(""));
    edit_r1. SetWindowTextW(_T(""));
    edit_r2. SetWindowTextW(_T(""));
    edit_r3. SetWindowTextW(_T(""));
    edit_r4. SetWindowTextW(_T(""));
    edit_obj. SetWindowTextW(_T(""));
}
HBRUSH CMineProgramDlg::OnCtlColor(CDC * pDC,CWnd * pWnd,UINT nCtlColor)
{
    HBRUSH hbr = CDialogEx::OnCtlColor(pDC,pWnd,nCtlColor);
    if(pWnd - > GetDlgCtrlID() = = IDC_EDIT_R1 || pWnd - > GetDlgCtrlID() = = IDC_
EDIT_R2 ||
        pWnd - > GetDlgCtrlID() = = IDC_EDIT_R3 || pWnd - > GetDlgCtrlID() = = IDC_
EDIT_R4 ||
        pWnd - > GetDlgCtrlID() = = IDC_EDIT_JUDGE)
    {
        // Set color to Red.
        if(isSlipping)
        {
            pDC - > SetTextColor(m_colorEditText);
        }
        else
        {
            pDC - > SetTextColor(RGB(0,0,0));
        }
    }
    return hbr;
}
```

参 考 文 献

[1] 王显政. 加强形势认识 合理应对挑战 提升煤炭工业发展科学化水平 [J]. 中国煤炭工业, 2012 (3): 4~7.

[2] 黄炳香, 刘长友, 牛宏伟, 等. 大采高综放开采顶煤放出的煤矸流场特征研究 [J]. 采矿与安全工程学报, 2008, 25 (4): 415~419.

[3] 闫少宏, 尹希文. 大采高综放开采几个理论问题的研究 [J]. 煤炭学报, 2008, 33 (5): 481~484.

[4] 毛德兵, 姚建国. 大采高综放开采适应性研究 [J]. 煤炭学报, 2010, 35 (11): 1837~1841.

[5] 高召宁, 孟祥瑞, 王向前. 大采高综放开采煤岩损伤统计力学模型 [J]. 长江科学院院报, 2011, 28 (5): 31~34.

[6] 杨波. "三软" 煤层大采高综采面煤壁片帮机理与控制研究 [D]. 淮南: 安徽理工大学, 2012.

[7] 徐兵. 大采高工作面煤壁片帮冒顶控制技术 [J]. 辽宁工程技术大学, 2011, 30 (6): 826~829.

[8] 田建良. 大采高综采面煤壁片帮机理及控制技术研究 [D]. 淮南: 安徽理工大学, 2011.

[9] 陈炎光, 陆士良. 中国煤矿巷道围岩控制 [M]. 徐州: 中国矿业大学出版社, 1994.

[10] 王家臣. 极软厚煤层煤壁片帮与防治机理 [J]. 煤炭学报, 2007, 32 (8): 785~788.

[11] 宁宇. 大采高综采煤壁片帮冒顶机理与控制技术 [J]. 煤炭学报, 2009, 34 (1): 50~52.

[12] 尹希文, 闫少宏, 安宇. 大采高综采面煤壁片帮特征分析与应用 [J]. 采矿与安全工程学报, 2008, 25 (2): 222~225.

[13] 闫少宏. 大采高综放开采煤壁片帮冒顶机理与控制途径研究 [J]. 煤矿开采, 2008, 83 (4): 5~8.

[14] 靳俊恒, 孟祥瑞, 高召宁. 大采高工作面煤壁片帮深度分析 [J]. 矿业研究与开发, 2011, 31 (4): 26~28.

[15] 方端宏, 刘盼, 张凤杰. 大采高综采工作面煤壁片帮特征及其稳定性分析 [J]. 煤矿安全, 2013, 44 (3): 195~198.

[16] 方新秋, 何杰, 李海潮. 软煤综放面煤壁片帮机理及防治研究 [J]. 中国矿业大学学报, 2009, 38 (5): 640~644.

[17] 邱青云. 滑动面上不确定问题的探讨 [J]. 石家庄铁道学院学报, 2002, 15 (增): 103~105.

[18] 李建胜, 杨永康, 康天合. 采场煤壁失稳机理及控制技术研究 [J]. 太原理工大学学报, 2012, 43 (6): 703~705.

[19] 沈建波. 大采高工作面煤壁片帮机理与应用研究 [D]. 青岛: 山东科技大学, 2011.

[20] 张银亮, 刘俊峰, 庞义辉. 液压支架护帮机构防片帮效果分析 [J]. 煤炭学报, 2011, 36 (4): 691~695.

[21] 李建国，田取珍，杨双锁．河滩沟煤矿综放面煤壁片帮机理及其控制［J］．煤炭科学技术，2003，31（12）：73～75.

[22] 张拴强．掘进巷道临时支护及防片帮技术［J］．煤，2013，22（7）：19～20.

[23] 许传峰．大采高综采工作面采高合理性研究及煤壁片帮防治［J］．煤矿安全，2013，44（6）：214～216.

[24] 江权，冯夏庭，徐鼎平．基于围岩片帮形迹的宏观地应力估计方法探讨［J］．岩土工程，2011，32（5）：1452～1459.

[25] 李家伟，陈积懋．无损检测手册［M］．北京：机械工业出版社，2002.

[26] 冯若．超声手册［M］．南京：南京大学出版社，1999：253～257.

[27] 潘士先．从 X 射线 CT 到超声衍射 CT［J］．应用声学，1987，6（2）：23～27.

[28] 张俊哲．无损检测技术及其应用［M］．2 版．北京：科学出版社，2010：265～268.

[29] 陈渊．煤矿液压支架缸体环焊缝缺陷超声检测与评价研究［D］．西安：西安科技大学，2010.

[30] 杜鹏，张吉堂．超声无损检测技术在矿山机械设备上的应用［J］．煤炭技术，2011，30（2）：8～10.

[31] 付春太，秦建峰，洪富干．超声探伤技术在煤矿的应用［J］．煤，2000，9（6）：32～34.

[32] 孟庆波．钢试块在对接焊缝超声波探伤中的应用［J］．无损探伤，2013，35（2）：64～66.

[33] 沈国平．中厚钢板超声自动探伤车数据采集与控制系统的研究［D］．天津：天津大学，2008.

[34] 朱颖彦，唐寿高，崔鹏．岩土数值模拟：方法论的思考［J］．岩石力学与工程学报，2005，42（增2）：5919～5925.

[35] 严红．特厚煤层巷道顶板变形机理与控制技术［D］．北京：中国矿业大学（北京），2013.

[36] 徐仲安，王天保，李常英．正交试验设计法简介［J］．科技情报开发与经济，2002，12（5）：148～150.

[37] 刘瑞江，张业旺，闻崇炜．正交试验设计和分析方法研究［J］．实验技术与管理，2010，27（9）：52～55.

[38] 邱轶兵．试验设计与数据处理［M］．合肥：中国科学技术大学出版社，2008.

[39] 王颉．试验设计与 SPSS 应用［M］．北京：化学工业出版社，2007.

[40] 魏效玲，薛冰军，赵强．基于正交试验设计的多指标优化方法研究［J］．河北工程大学学报（自然科学版），2010，27（3）：95～99.

[41] 郝拉娣，张娴，刘琳．科技论文中正交试验结果分析方法的使用［J］．编辑学报，2007，19（5）：340～341.

[42] 郝拉娣，于化东．正交试验设计表的使用分析［J］．编辑学报，2005，17（5）：334～335.

[43] 吴顺川，高永涛，杨占峰．基于正交试验的露天矿高陡边坡落石随机预测［J］．岩石力学与工程学报，2006，25（增1）：2826～2832.

［44］ 杜瑞卿，吕文平，王丽. 二次回归正交组合设计与综合相关系数法对耐热纤维素酶基因工程菌发酵条件的优化与分析［J］. 食品科学，2010，31（3）：160～164.

［45］ 毛德兵，姚建国. 大采高综放开采适应性研究［J］. 煤炭学报，2010，35（11）：1837～1841.

［46］ 包研科. 数据分析教程［M］. 北京：清华大学出版社，2011.

［47］ 吴晓刚. 线性回归分析基础［M］. 上海：上海人民出版社，2011.

［48］ 何晓群. 实用回归分析［M］. 北京：高等教育出版社，2008.

［49］ 韩昌瑞. 有限变形理论及其在岩土工程中的应用［D］. 武汉：中国科学院研究生院，2009.

［50］ 高亚楠. 基于有限变形理论的岩石变形与破坏问题研究［D］. 徐州：中国矿业大学，2012.

［51］ Lee E H，Liu D T. Finite strain elastic－plastic theory particular for plane wave analysis［J］. Journal of applied physics，1967，38（1）：19～27.

［52］ Bruhns O T，Xiao H，Meyers A. A self－consistent Eulerian rate type model for fnite deformation elastoplasticity with isotropic damage［J］. International Journal of Solids and Structures，2001，38（4）：657～683.

［53］ 钱鸣高，缪协兴，何富连. 采场"砌体梁"结构的关键块分析［J］. 煤炭学报，1994，19（6）：557～563.

［54］ 钱鸣高，张项立，黎良杰. 砌体梁的"S－R"稳定及其应用［J］. 矿山压力与顶板管理，1994，7（3）：6～12.

［55］ 康天合，柴肇云，李义宝. 底层大采高综放全厚开采20 m特厚中硬煤层的物理模拟研究［J］. 岩石力学与工程学报，2007，26（5）：1065～1072.

［56］ 王国法，庞义辉，刘俊峰. 特厚煤层大采高综放开采机采高度的确定与影响［J］. 煤炭学报，2012，37（11）：1777～1782.

［57］ 钱伟长. 再论弹性力学中的广义变分原理——就等价定理问题和胡海昌先生商榷［J］. 力学学报，1983（4）：325～340.

［58］ 贾小勇. 19世纪以前的变分法［D］. 西安：西北大学，2005.

［59］ 徐芝纶. 弹性力学（上册）［M］. 北京：高等教育出版社，2006.

［60］ 娄奕红，罗旗帜，吴幼明. 预应力混凝土曲线梁的能量变分法［J］. 铁道建筑，2006（1）：10～12.

［61］ 涂良辉，袁建平，岳晓奎. 基于直接配点法的再入轨迹优化设计［J］. 西北工业大学学报，2006，24（5）：653～657.

［62］ 史宝军，袁明武，舒东伟. 基于核重构的最小二乘配点法求解Helmholtz方程［J］. 力学学报，2006，38（1）：125～129.

［63］ 董晓红，邓彩霞，韩红. 用小波配点法求解一类偏微分方程［J］. 哈尔滨理工大学学报，2006，11（1）：33～35.

［64］ 马燕. 构动力学问题的完全重心有理插值配点法［D］. 济南：山东建筑大学，2012.

［65］ 杨晓杰. 煤岩强度、变形及微震特征的基础试验研究［D］. 青岛：山东科技大学，2006.

［66］ 杨晓杰，宋扬，陈绍杰．煤岩强度离散性及三轴压缩试验研究［J］．岩土力学，2006，27（10），1763～1766.

［67］ 杨晓杰，宋扬．三轴压缩煤岩强度及变形特征的试验研究［J］．煤炭学报，2006，31（2），150～153.

［68］ 聂珊利．基于尖点突变理论的摩擦桩竖向承载力分析［D］．乌鲁木齐：新疆农业大学，2010.

［69］ 许建聪．碎石土滑坡变形解体破坏机理及稳定性研究［D］．杭州：浙江大学，2005.

［70］ 张业民．突变理论在岩土与结构工程中的若干应用［D］．大连：大连理工大学，2008.

［71］ 王连国，宋扬，缪协兴．基于尖点突变模型的煤层底板突水预测研究［J］．岩石力学与工程学报，2003，22（4），573～577.

［72］ 杨波．"三软"煤层大采高综采面煤壁片帮机理与控制研究［D］．淮南：安徽理工大学，2012：2～3.

［73］ 何富连．高产高效工作面支架—围岩保障系统［M］．徐州：中国矿业大学出版社，2007：32～33.

［74］ 朱大勇，李焯芬，黄茂松，钱七虎．对3种著名边坡稳定性计算方法的改进［J］．岩石力学与工程学报，2005，24（2）：183～194.

［75］ 邱青云．滑动面上不确定问题的探讨［J］．石家庄铁道学院学报，2002，15（增）：103～105.

［76］ Ashikhmin M，Ghosh A. Simple blurry reflec‐tions with environment maps［J］. Fournal of Graphics Tools，2003：7（4）：3～8.

［77］ 姜永东，鲜学福，杨钢，周军平．层状岩质边坡失稳的尖点突变模型［J］．重庆大学学报，2008，31（6）：677～682.

［78］ 潘岳，戚云松．对边坡失稳潜滑带为两种介质的尖点突变模型研究的讨论［J］．岩石力学与工程学报，2010，29（11）：2285～2292.

［79］ 朱松岭，周平，韩毅，杨海成．基于模糊层次分析法的风险量化研究［J］．计算机集成制造系统，2004，10（8）：980～984.

［80］ 李青，陆廷金，李宁萍，张玉柱．三角模糊数的模糊故障树分析及其应用［J］．中国矿业大学学报，2000，29（1）：56～59.

［81］ 贾智伟，景国勋，张强，段振伟．基于三角模糊数的矿井火灾事故树分析［J］．安全与环境学报，2004，4（6）：62～65.

［82］ 司书宾，孙树栋，韩光臣，王军强．基于三角模糊数的综合保障评价指标权重分析［J］．西北工业大学学报，2004，22（6）：689～694.

［83］ 伍爱友，施式亮，王从陆．基于事故树方法与三角模糊理论耦合的城市火灾风险分析［J］．中国安全科学学报，2009，19（7）：31～36.

［84］ 赵艳萍，贡文伟．模糊故障树分析及其应用研究［J］．中国安全科学学报，2001，11（6），31～35.

［85］ 刘仁辉，张劲强，韩喜双．三角模糊数的工程项目风险识别［J］．哈尔滨工业大学学报，2008，40（10）：1617～1620.

［86］ Itasa Consulting Group，Ins. FLAC Version 1. 8，1992.

［87］刘波，韩彦辉. FLAC 原理、实例与应用指南［M］. 北京：人民交通出版社，2005.

［88］Hart R，Cundall P A，Lemos J. Formulation of a three dimensional distinct element model—Part Ⅱ. Mechanical Calculations for motion and interaction of a system composed of many poly-hedral blocks［J］. International Journal of Rock Mechanics and Mining Sciences，1988，25（3）：117～125.

［89］王岩，隋思涟. MATLAB 回归分析［J］. 青岛理工大学学报，2006，27（4）：129～132.

［90］刘振翼，冯长根，彭爱田，谭允祯. 安全投入与安全水平的关系［J］. 中国矿业大学学报，2003，32（4）：447～451.

［91］周翠红，路迈西，吴文伟，白茹. 北京市城市生活垃圾产量预测［J］. 中国矿业大学学报，2003，32（2）：169～172.

［92］张立国，龚敏，于亚伦. 爆破振动频率预测及其回归分析［J］. 辽宁工程技术大学学报，2005，24（2）：187～189.

［93］王惠文，孟洁. 多元线性回归的预测建模方法［J］. 北京航空航天大学学报，2007，33（4）：500～504.

［94］谢里阳，周金宇，李翠玲. 系统共因失效分析及其概率预测的离散化建模方法［J］. 机械工程学报，2006，42（1）：62～68.

［95］周金宇，谢里阳. 多状态系统共因失效机理与定量分析［J］. 机械工程学报，2008，44（10）：77～82.

［96］李瑞玲. 共因失效下串并联系统的一种可靠性优化方法［D］. 兰州：兰州大学，2012.

［97］Xie Liyang. A knowledge based multi – dimension discrete CCF model［J］. Nuclear Engineering Design，1998，183：107～116.

［98］张国军，朱俊，吴军，朱海平. 基于 BDD 的考虑共因失效的故障树可靠性分析［J］. 华中科技大学学报（自然科学版），2007，35（9）：1～4.

［99］王学敏，谢里阳，周金宇. 考虑共因失效的系统可靠性模型［J］. 机械工程学报，2005，41（1）：24～28.

［100］Royd. Dasguptat. A discretizing approach for evaluating reliability of complex systems under stress – strength model［J］. IEEE Transactions on Reliability，2001，50（2）：145～150.

［101］周金宇，谢里阳，钱文学. 载荷相关结构系统的可靠性分析［J］. 机械工业学报，2008，44（5）：45～50.

［102］谢里阳，林文强. 共因失效概率预测的离散化模型［J］. 核科学与工程，2002，22（2）：186～192.

［103］李家伟，陈积懋. 无损检测手册［M］. 北京：机械工业出版社，2002：21～34.

［104］宋宇. 基于无损探伤的超声系统研究［D］. 北京：北京交通大学，2011.

［105］冯若. 超声手册［M］. 南京：南京大学出版社，1999：123～245.

［106］陈建功. 锚杆—围岩结构系统低应变动力响应理论与应用研究［D］. 重庆：重庆大学，2006.

［107］张永兴，陈建功. 锚杆—围岩结构系统低应变动力响应理论与应用研究［J］. 岩石力学与工程学报，2007，26（9）：1758～1766.

［108］潘士先. 从 X 射线 CT 到超声衍射 CT［J］. 应用声学，1987，6（2）：23～27.

[109] 李德昌，张早校，郁永章. 应用激光全息照相对压力容器无损探伤的试验研究 [J].
西安交通大学学报，1998，32（1）：107～110.

[110] 张俊哲. 无损检测技术及其应用 [M]. 2 版. 北京：科学出版社，2010：125～138.

[111] 施克仁，郭寓岷. 相控阵超声成像检测 [M]. 北京：高等教育出版社，2010：
15～16.

[112] 王华，单宝华，欧进萍. FPGA 的超声相控阵系统接收波形合成结构 [J]. 哈尔滨工业
大学学报，2009，41（2）：120～123.

[113] 杨平，陈斌，施克仁. 超声相控阵低信噪比背景下相关相位校正 [J]. 清华大学学报
（自然科学版），2006，46（8）：1353～1356.

[114] 李京安. 超声相控阵扇形扫描检测成像技术研究 [D]. 哈尔滨：哈尔滨工业大
学，2009.

[115] 詹湘琳. 超声相控阵油气管道环焊缝缺陷检测技术的研究 [D]. 天津：天津大
学，2006.

[116] 孙亚杰. 基于超声相控阵原理的结构健康监测技术研究 [D]. 南京：南京航空航天大
学，2010.

[117] 鲍晓宇. 相控阵超声检测系统及其关键技术的研究 [D]. 北京：清华大学土木水利学
院，2003：10～11.

[118] 孙芳. 超声相控阵技术若干关键问题的研究 [D]. 天津：天津大学，2012.

[119] 孙芳，曾周末，王晓媛，等. 界面条件下线型超声相控阵声场特性研究 [J]. 物理学
报，2011，60（9）：094301-1～094301-6.

[120] 林书玉. 超声换能器的原理与设计 [M]. 北京：科学出版社，2004：55～67.

[121] 殷帅峰，何富连. 综放支架超声相控阵无损探伤原理与检测技术 [J]. 采矿与安全工
程学报，2011，29（3）：328～333.

[122] 北京市技术交流站. 超声波探伤原理及其应用 [M]. 北京：机械工业出版社，1980：
473～474.

[123] 施克仁，郭寓岷. 相控阵超声成像检测 [M]. 北京：高等教育出版社，2010：
20～21.

[124] 何正权，刘志宏，袁勤. 数字多声束形成技术的研究及意义 [J]. 中国超声医学杂志，
1997，13（8）：14～16.

[125] 何正权，邹平. 数字化超声成像设备中的几项关键技术 [J]. 中国超声医学杂志，
1995，11（3）：211～212.

[126] 张守宝，谢生荣，何富连，等. 液压支架泄漏检测方法的分析和实践 [J]. 煤炭学报，
2010，35（1）：145～148.

[127] 李炳珠，刘秋军. 矿山机械常见液压故障的分析及处理 [J]. 煤炭技术，2005，24
（5）：7～8.

[128] 吴炳胜，王春梅，刘体龙，等. 液压元件及回路系统检测方法 [J]. 煤矿机械，2006，
27（12）：192～194.

[129] 侯振海. 支架液压系统泄漏故障的分析与识别 [J]. 煤矿机械，2002（2）：71～72.

[130] 姚志昌，王晓雷，乐军，等. 支架液压系统泄漏故障的分析与识别 [J]. 煤炭科学技

术，1997，25（11）：7～9.

[131] 栾志军，樊春利. 基于 C 语言的直流电机调速系统 [J]. 煤炭技术，2011，30（12）：35～36.

[132] 李兰，曹秀玉.《C＋＋程序设计》多媒体课件的设计与实现 [J]. 青岛理工大学学报，2006，27（3）：104～107.

[133] 胡孝鹏，董强，于忠清. 基于图像处理的 QR 码识别 [J]. 航空计算技术，2007，37（2）：99～102.

[134] 涂伟沪，王志文，米兰·黑娜亚提. C＋＋语言程序设计中采用项目式教学的初探 [J]. 新疆广播电视大学学报，2012，58（16）：56～58.

[135] 魏志广. 基于 C 语言的逆向工程的分析与实现 [D]. 河北：河北工业大学，2004.

[136] 谢竞博. C 语言程序设计教学中的问题及改革建议 [J]. 重庆邮电大学学报，2008，20（2）：136～141.

[137] 肖明. 案例教学法在"C＋＋语言程序设计"教学中的应用 [J]. 计算机教育，2010，25（6）：83～86.

[138] 陆铮，罗嘉. 单片机 C 语言下 LCD 多级菜单的一种实现方法 [J]. 工矿自动化，2006（1）：50～52.

[139] 高攀. C 语言安全编译器研究 [D]. 成都：电子科技大学，2004.

[140] 王佳新. C 语言上机考试系统的设计与实现 [D]. 吉林：吉林大学，2009.

[141] 王文东，李竹林，尚建人. 汇编语言与 C 语言的混合程序设计技术 [J]. 计算机技术与发展，2006，16（8）：18～20.

[142] 周震一. C 语言集成电路 ATE 应用程序的自动分析转换 [D]. 上海：上海交通大学，2008.

[143] 李慧. 基于 C 语言的银行集成账户管理信息处理技术 [D]. 大连：大连海事大学，2010.

[144] 栾志军，樊春利. 基于 C 语言的直流电机调速系统 [J]. 煤炭技术，2011，30（12）：35～36.

[145] 谢荣焕，刘满. 基于 MATLABR 的水质模型参数的确定方法 [J]. 工业安全与环保，2006，32（2）：28～29.

[146] 宋晓辉，叶桦，丁昊. 基于单片机的多级菜单实现方法改进 [J]. 东南大学学报（自然科学版），2007，37（增1）：66～70.

[147] 张大志. C 语言缓冲溢出自动检测方法研究 [D]. 吉林：吉林大学，2004.

[148] 李从宇，王宝光. 嵌入式 DSP 系统 C 语言硬件编程技术 [J]. 测控技术，2007，26（4）：68～70.

[149] 陈飞，岳宁，吴林峰. 一种实序列 FFT 新算法与 C 语言实现 [J]. 信息与电子工程技术，2008，6（6）：437～439.

[150] 尹作为. 基于 C 编译器的遥感图像分析软件初步设计 [D]. 武汉：武汉大学，2005.

[151] 王颜明. 基于 C 语言和 VFP 的数控加工预处理 [D]. 吉林：吉林大学，2012.